你将成为自己的光

On Mind and Thought

［印］克里希那穆提 著

周豪 译

北京时代华文书局

智慧并不是聪明地去追逐论据、追逐各种对立的矛盾和观点——仿佛通过那些观点就能发现真理一样，那是不可能的——智慧是认识到：思想的行为，连同它所有的能力、微妙之处以及非凡的永不停息的活动，这些都不是智慧。

布洛克伍德公园

一九八二年九月四日

目录

前　言

吉度·克里希那穆提一八九五年生于印度，十三岁时被通神学会收养，后者把他视为之前已宣称即将出现的“世界导师”的载体。克里希那穆提很快就成为一名强有力的、毫不妥协也无法被归类的导师，他的演讲和著作与任何特定的宗教都没有关系，既不属于东方，也不属于西方，而是属于全世界。他坚决否认自己救世主的形象，并于一九二九年戏剧性地解散了这个围绕着他建立起来的庞大而富有的组织，并且宣称真理是“无路之国”，它无法通过任何形式化的宗教、哲学或教派来达到。

在此后的生命中，克里希那穆提一直坚持拒绝别人试图强加给他的导师身份。他不断吸引着来自世界各地的大量听众，但他却从未自命权威，也不想要任何信徒，他永远都是作为一个个体在和他人对话。他教导的核心是想让人们意识到，社会的根本转变只能够通过个人意识的转化实现。他也经常强调，我们必须认识自己，并且明白宗教与国家主义的局限所造成的束缚和分离人类的影响。克里希那穆提也时常指出保持开放和拥有“大脑中那有着不可思议能量的广阔空间”的紧迫需要。而这似乎一直都是他自身创造力的源泉，也是他对如此广泛的各类人群产生了如催化剂般影响的关键所在。

他在世界各地持续演讲，直到一九八六年逝世，享年九十岁。他的演讲、对话、日记和信件被保留了下来，成为六十多本著作和数百盘录音带。从他数量浩瀚的演讲中，我们编撰出了这一系列的主题书籍。每一本书都聚焦于一个与我们日常生活休戚相关而又迫在眉睫的议题。

第一章 超越思想的心灵

002

思想只能发现它自身的投射，它无法发现任何崭新的事物；思想只能够识别它所经历过的事物，它无法识别自己没有经历过的事物。

思想带着旧有事物的背景去处理这个活跃、真实和全新的东西。也就是说，思想试图依据那些旧有事物的记忆、模式和局限来理解关系——由此便产生了冲突。在我们了解关系之前，我们必须先来了解思想者的背景，也就是无选择地去觉察思想的整个过程；那就是，我们必须能够如实地看清事物，而不是根据我们的记忆和先入之见来诠释它们，记忆和先入之见都是过去局限的产物。

所以思考就是背景、过去和积累经验的反映，它是不同层面记忆的反映——个人的和集体的、个体的和种族的、有意识的和无意识的记忆。所有这些就是我们思考的过程。因此，我们的思考永远不可能是全新的，不可能会有“新”的观点，因为它总是那个背景的反映——那个背景就是我们的局限、我们的传统、我们的经验以及我们身上集体与个人的积累物。所以当我们指望思想作为一种发现崭新事物的手段时，我们会发现这是徒劳无益的。思想只能发现它自身的投射，它无法发现任何崭新的事物；思想只能够识别它所经历过的事物，它无法识别自己没有经历过的事物。

这并不是某种形而上学的、复杂的或抽象的东西。如果你可以更密切地观察它，你就会发现只要“我”——这个由所有那些记忆组成的实体——还在经历着，那么它就永远不可能发现全新的事物。思想，也就是“我”，它永远无法体验神明，因为神明或者真实是未知的事物、不可想象的事物、无法阐述的事物，它没有标签，没有词语。它的字面所指并非它本身。所以思想永远无法经历全新的事物、未知的事物，它只能经历已知的东西，只能在已知的领域内运作而无法超越它自身。一想到未知的事物，头脑就会变得躁动不安，它总是寻求着把未知带入已知中。然而未知是永远无法被带入已知中的，从而已知和未知之间就产生了冲突。

西雅图

一九五〇年七月二十三日

“自我”是一个思想无法解决的问题，必须有一种不属于思想的觉察才可以。

什么是思考？当我们说“我认为……”时，我们是什么意思？我们什么时候会意识到这种思考的过程？毫无疑问，当有了一个难题，当我们遭遇挑战，当有人问了我们一个问题，当有了摩擦冲突，我们就会察觉到它了。我们察觉到它，这是一个自我意识的过程。请注意，不要把我当成一个长篇大论的演讲者来听我说的话，你和我正在检视我们自己的思维方式——我们把它作为一种日常生活中的工具。所以我希望你正在观察你自己的思考，而不仅仅是在听我讲——这是没用的。如果你只是听我讲而没有观察你自己的思考过程，如果你没有觉察你自己的思想并且观察它出现的方式，以及它是如何产生的，那么我们将一无所获。这就是我们，你和我，努力去做的事情——看清这种思考过程是什么。

毫无疑问，思考是一种反应。如果我问你一个问题，你会对此有所回应——你的回应是根据你的记忆、你的偏见、你的教育、你所处的气候和你的种种局限这整个背景而来的，你根据这些做出回答，你根据这些去思考。如果你是一个基督教徒、一个印度教徒或者无论什么，那个背景就会产生回应，而显然正是这种局限制造了问题。这个背景的中心就是行动过程中的“我”。只要那个背景还没有被理解，只要思想过程中那个制造出问题的自我还没被了解并且结束，我们就注定会有冲突，会有内在的和外在的冲突——思想中、情感中、行动中的冲突。没有任何一种解决办法——不管它是多么聪明和深谋远虑——可以结束这种人与人之间、你和我之间的冲突。意识到了这点，觉察到了思想是如何涌现的以及它的源头，我们问：“思想可能结束吗？”

这就是问题之一，不是吗？思想能够解决我们的问题吗？通过深思熟虑某个问题，你就解决掉它了吗？任何一类问题——经济的、社会的、宗教的——它曾经通过思考而真正得到了解决吗？在你的日常生活中，你越是思考一个问题，它就会变得越复杂、越犹疑、越不确定。在我们实际的日常生活中，难道不是这样吗？在仔细思考某个问题的特定层面时，你或许可以更清楚地了解他人的观点，但思想无法看清问题的整体和全貌，它只能局部地去看，而一个局部的答案不是完整的答案，因此它不是问题的解决之道。

我们越是深思熟虑一个问题，我们越是去研究、分析和讨论它，它就变得越复杂。所以，我们可能全面、整体地去观察一个问题吗？要怎样才可能？在我看来，这才是我们最主要的困难。因为我们的问题正在成倍增加——迫在眉睫的战争威胁，我们关系中的各种困扰——那么我们如何才能把它作为一个整体，全面地来了解所有这一切呢？显然，只有当我们把它作为一个整体来看待——没有分隔也没有分裂时，问题才能解决。这要什么时候才可能？毫无疑问，只有当思考的过程——思考过程的根源就存在于“我”之中、自我之中，存在于那个充满传统、局限、偏见、希望和绝望的背景之中——当这个过程结束以后，那才是可能的。所以我们能否来了解这个自我，不是通过分析，而是通过如实地看待这个事物，把它作为一个事实而不是一个理论去觉察。不是试图消除自我以达到某个结果，而是不断在行动中看清自我的活动，看清那个“我”。如果我们每个人身上都不存在“我”这个中心，以及这个中心对于权力、地位、权威、延续和自我留存的渴望，毫无疑问我们的问题就会结束！

“自我”是一个思想无法解决的问题，必须有一种不属于思想的觉察才可以。去觉察，而不去谴责自我的种种活动或者把它合理化——只是去觉察，这就够了。因为如果你觉察是为了去发现如何解决问题，为了转变它，为了带来一个结果，那么它就仍然落入了自我和“我”的领域中。只要我们还是在寻求一个结果，不管是通过分析、通过觉察，还是通过不断检视每一个念头，我们都仍然处在思想的领域里——也就是“我”“自己”和自我的领域里。

伦敦

一九五二年四月七日

头脑就是记忆、经验和知识的残留物，它经由这种残留物在说话，存在一个背景，它通过那个背景在交流。

提问者：在演讲中，你的观点来自你的思考。而你说过所有的思考都是局限的，那么你的观点不也是局限的吗？

克里希那穆提：很显然，思考是局限的。思考就是记忆的反映，记忆则是过往知识和经验的结果，而那些知识和经验都是局限的，因此所有的思考都是局限的。而提问者问："因为所有的思考都是局限的，那么你所说的东西是不是也是局限的？"这真的是一个很有趣的问题，不是吗？

要说出某些话语，就必须要有记忆，这是显而易见的。要交流，你和我就必须都懂英语、印度语或其他语言。懂得一门语言就是记忆。这是一点。那么，这个演讲者的头脑，我自己的头脑，仅仅是用语言在交流呢，还是说头脑正处于一种回忆的运动中？存在的不仅仅只有语言文字的记忆，同样也有关于其他过程的记忆？而头脑是在用语言文字交流着另一个过程吗？如果你把它探究到底的话，你会发现这其实是一个非常有趣的问题。

你知道，演讲者储存着一些信息和知识，然后他把它们讲给你们听，也就是说，他在回忆。他已经积累、阅读和收集了一些东西，然后他根据自己的局限和偏见形成了某些观点，接着他用语言来交流它们。我们都知道这个常见的过程。而现在，这个过程是不是也发生在这里？这就是提问者想要知道的。提问者实际上是在说："如果你仅仅是在回忆你的种种经验和状态，然后与我们交流那个记忆的话，那么你所说的东西也是局限的。"——确实如此。

请注意，这很有趣，因为它揭示了头脑的运作过程。如果你观察自己的头脑，你就会明白我谈论的东西。头脑就是记忆、经验和知识的残留物，它经由这种残留物在说话，存在一个背景，它通过那个背景在交流。而提问者想知道，是否演讲者也有那个背景，因而他只是在重复；还是说他的讲话不带有过往经验的记忆，因此在他讲话的同时他也在不断体验着？你看，你并没有在观察自己的头脑。探究思想的过程是一件精细之事，它就像在显微镜下观察某个生物。如果你没有在观察自己的头脑，你就会像是置身事外的观众在观看场上的队员。但是如果我们都在观察着自己的心灵，那么它就会具有非凡的意义。

如果头脑通过语言交流着一个它所记得的经验，那么这种回忆中的经验就是局限的，这是很显然的；它不再是一个鲜活的和运动着的事物。当它被记起时，它就已经是过去的事物了。所有的知识都属于过去，不是吗？知识永远无法属于此刻，它总是要撤回到过去。而现在，提问者想知道，演讲者是否只是从他的知识泉井中汲取出了一些，然后分发给我们。如果是的话，那他所交流的东西就是局限的，因为所有的知识都属于过去。

所以我们有没有可能不交流过去，而是交流那种每时每刻的体验和鲜活的事物呢？毫无疑问，这是可能的。那就是处在一种直接体验的状态中，对正在体验的事物没有任何局限的反应，然后用语言来交流，不是交流过去的事物，而是交流那个正在被直接体验的鲜活事物。

当你对某人说“我爱你”时，你是不是在交流着一种记忆中的经验？你使用了这些习惯的词语——“我爱你”，但这种交流是一个你所记得的东西呢，还是某种你即刻交流的真实之物？它其实就意味着，心能否不再继续这样的机制：积累、储存，然后去重复它所学到的东西？

提问者：我对死亡感到恐惧。我能够不害怕这种不可避免的毁灭吗？

克里希那穆提：为什么你要想当然地认为死亡不是毁灭就是延续呢？无论哪种结论都是一种受限的欲望的结果，不是吗？一个悲惨、不快乐、沮丧的人会说："谢天谢地，这一切终于快结束了，我不需要再去担忧什么了。"他希望彻底毁灭。而另一个说"我的事情还没有全部完成，我还想要更多"的人，他则希望延续。

那么，心为什么要对死亡做任何假设呢？我们马上会来探讨这个问题，也就是为什么心会害怕死亡。但首先，让我们的头脑摆脱任何关于死亡的结论，因为只有这样你才能了解什么是死亡，这是很显然的。如果你相信轮回转世——它是一种希望，一种延续的形式——那么你就永远无法了解什么是死亡了；而如果你是一个唯物主义者，相信彻底的毁灭，你也同样无法了解它。要了解什么是死亡，心就必须同时摆脱延续和毁灭这两种信仰。这不是一种取巧的回答。如果你想要了解某个事物，你就绝不能带着一个预设好结论的心灵去处理它。如果你想知道什么是神明，你必须不能有某种关于神明的信仰，你必须推开所有那些东西，然后去看。如果一个人想知道什么是死亡，心就必须摆脱所有赞成或反对的结论。所以你的心能够摆脱那些结论吗？如果你的心摆脱了结论，它还会有恐惧吗？毫无疑问，正是那些结论使你感到害怕，由此人们就发明了各种哲学。

我想要拥有更多的来世来完成我的工作，让自己变得圆满，因此我寄希望于“轮回转世的哲学”。我说“是的，我将会重生，我还会有另一次机会”，等等。因此在我对延续的渴望中，我创造出了某种哲学，或者接受了某种信仰，它们变成了心灵受困其中的体系。而如果我不想要延续，因为生活对我来说太过痛苦了，那么我就会指望某种使我确信彻底毁灭的哲学。这是一个简单、明显的事实。

然而，如果心可以同时脱离这两者的话，那么对于这个我们称为死亡的事实，心的状态又会是什么呢？如果心中没有任何结论，还会有死亡吗？我们知道机器在使用过程中会磨损耗尽，某个未知的生物也许可以活上一百年，但它还是会消耗殆尽。我们关心的不是这个，而是从内在、从心理上我们想让“我”延续；那个“我”是由无数结论组成的，不是吗？心灵有着一系列的期盼、决定、希望和结论——“我已经达到了”“我想继续写作”“我想找到幸福”——而它想要这些结论继续下去，所以害怕它们会结束。但如果心没有结论，如果它不说“我是某某人”“我想要我的名望和财产延续下去”“我想通过我的儿子来实现自己”等——这些都是欲望和结论——那么心灵本身不就处在一种不断死亡的状态中吗？对这样的心灵而言，还会有死亡吗？

请不要同意。这不是一件是否同意的事，也不仅仅是逻辑推理。这是一种真实的体验。当你的妻子（丈夫）或姐妹死去，或者当你失去财产时，你马上就会发现自己是多么执着于已知的事物。然而，当心灵摆脱了已知，那时心灵本身不就是未知了吗？毕竟，我们害怕的是离开已知，已知就是我们已经推断、评判、比较和积累的事物。我知道我的妻子、房子、家庭和名望，我已经培养起了一些思想、经验和美德，而我害怕失去这一切。因此，只要心灵还有着任何形式的结论，只要它还陷入某个体系、概念和程式中，它就永远无法知晓正确的事物。不要有一颗受限的心灵，不管它信仰的是延续还是毁灭，它都永远无法发现什么是死亡。只有在此刻，在你活着的时候——而不是当你毫无意识、死去的时候——你才能发现那个被称为死亡的非凡之物的真相。

拉杰哈特

一九五五年一月二十三日

关系就是一面揭示我们思考方式的镜子。

了解我们思考的整个过程非常重要，这种了解并不是经由孤立而来的。当我们在日常关系中观察自己，观察我们的态度、我们的信仰、我们的讲话方式、我们看待他人的方式，以及我们对待自己丈夫（妻子）和孩子的方式时，我们就会开始理解我们的思考过程。关系就是一面揭示我们思考方式的镜子。在关系的种种事实之中就存在着真相，而不是脱离关系之外。很显然并没有生活在孤立中这种事。我们或许可以小心翼翼地切断各种形式的物理上的关系，但心灵却仍旧是处在关系中的。心灵的存在本身就意味着关系，而自我了解就在于去如实看清关系的事实，没有虚构，没有谴责，也不去合理化。在关系中，心灵会有一些评价、判断和比较，它根据各种形式的记忆对挑战做出回应，这种反应被称为思考。但如果心灵可以只是去觉察这整个思考过程，你就会发现思想停止了。那时心灵就会非常安宁、非常寂静，没有动机，也没有任何方向上的运动，在那种寂静之中，真实就会降临。

拉杰哈特

一九五五年二月六日

观察就是没有选择地看，如实去看你自己而没有任何渴望改变的运动。

提问者：头脑的功能就是思考。我已经花费了很多年去思考那些我们都知道的东西——生意、科学、哲学、心理学、艺术等——现在我开始大量思考宗教。通过学习很多神秘主义者和其他宗教信奉者留下的证据资料，我确信了神明的存在，并且我可以就这个主题贡献出我自己的想法。这有什么不对吗？思考神明难道不是可以帮助我们去了悟神明吗？

克里希那穆提：你能够思考神明吗？只是因为你已经阅读了所有那些文献证据，你就能确信神明的存在吗？无神论者同样也有他的证据，他所做的研究也许和你一样多，但他说神明是不存在的。你相信存在着神明，而他相信不存在神明；你们两个都有信仰，你们两个都花费时间思考神明。但是在你思考某个你不知道的东西之前，你必须明白什么是思考，这难道不是必需的吗？你或许已经读过了《圣经》《薄伽梵歌》或其他书籍，在这些书中，各种博学之士精巧地描绘了什么是神明，宣称这个，驳斥那个。但只要你还是不明白你自己思考的过程，那么你对神明的思考或许就是愚蠢的、微不足道的，而且一般来说就是如此。你也许可以搜集一大筐关于神明存在的证据，然后就此写出一些非常聪明伶俐的文章，但毫无疑问，第一个问题就是：你怎么知道你的想法就是正确的？思考有可能带来那种关于未知事物的经验吗？但这并不意味着你必须变得感情泛滥、多愁善感，去接受某些关于神明的言论。

所以，相比于去寻找那个没有局限的事物，搞清楚你的头脑是否是局限的，这难道不是更重要的吗？毫无疑问，如果你的头脑是局限的——它其实就是局限的——那么无论它如何去探询神明的真相，它都只能根据自身的局限来收集知识或信息。所以你对神明的思考纯粹是在浪费时间，它只是一种毫无价值的猜测，这就像我坐在这个果园里却希望登上那座山的顶峰一样。如果我真的想要去发现山顶和彼岸有什么的话，我就必须去往那里，坐在这里猜测、建造寺庙和教堂并为之激动，都是没用的。我需要做的是站起来，走出去，奋斗，前进，到达那里，然后搞清楚。但是我们大多数人都不愿意这样做，我们满足于坐在这里，然后去猜测一些自己不知道的东西。而我想说，这样的猜测是一种阻碍，它是一种心灵的退化，根本没有任何价值，只会给人类带来更多的困惑和悲伤。

所以神明是某种无法谈论、无法描述、无法诉诸文字的东西，因为它必定永远是未知的事物。然而识别的过程一旦发生，你就又退回到了记忆的领域中。举例来说，你短暂地经历了某个美好非凡的事物。在你经验的那一刻，是没有那个在说“我必须记住它”的思想者的，存在的只有那种正在经验的状态。然而当那一刻过去，识别的过程就出现了。头脑会说“我有过一次美妙的经验，我希望可以有更多这样的经验”，于是那种“更多”的努力就开始了。这种贪得无厌的本能，对于“更多”的占有性追求，它们的产生有着各种原因——因为它能给予你快感、声望、知识，你可以变成一个权威，等等所有这些。

头脑在追求它经历过的事物，但是那个它经历过的东西已经结束、死亡、离开了，而要发现此刻的事实（which is），头脑就必须让它所经历过的东西死去。

这并不是某种可以日积月累培育出来的东西，它不是某种可以收集、积累、保存然后谈论并写出来的东西。所有我们能做的就是去看到头脑是局限的，并且通过自我了解去明白我们自己思考的过程。我必须知晓我自己，这个“自己”不是我思想上想要变成的样子，而是真实的我自己，不管这个我是多么丑陋或美丽、多么嫉妒和贪婪。然而，只是看着自己的现状而不希望去改变它，这是非常困难的，想去改变它的渴望本身就是另一种形式的局限。所以我们就这样继续着，从一个局限到另一个局限，永远无法体验到某种超越局限的东西。

提问者：我听你演讲好多年了，现在我变得非常善于观察自己的思想，觉察自己所做的每一件事。但是我却从未触及深层的奥秘或者经历过你说的那种转变。这是为什么？

克里希那穆提：为什么我们中没有人能真正体验到某种超越了仅是观察层面的东西，我认为原因是很清楚的。我们也许会有一些处于情感澎湃状态的罕见时刻，就好像看见了云层之间天空的清澈一般，但是我所指的并不是任何这类东西。所有这些经验都是暂时的，它们并没有多大意义。这个提问者想知道为什么在这么多年的观察以后，他还是没有发现深层的奥秘。为什么他应该发现它们呢？你明白吗？你认为通过观察你的思想，就会获得回报——如果你做了“这个”，你就可以获得“那个”。你其实根本就没有在观察，因为你的心灵关心的是获得回报。你认为通过观察，通过觉察，你就可以变得更有爱，就能少受苦、少动怒，获得某种超越之物，所以你的观察是一种买卖的过程。你用这枚“钱币”来买“那个东西”，那意味着你的观察是一个选择的过程，因此它并不是观察，不是全然关注。观察就是没有选择地看，如实去看你自己而没有任何渴望改变的运动。这是一件极其艰难的事，但这并不意味着你要继续保持你的现状。因为你并不知道如果你如实去看自己而不希望去改变你所看到东西的话，那时将会发生什么。

我会举例来说明它，然后你就会明白了。比如说我是暴力的，我们整个的文化都是暴力的，那么会发生什么？我的第一反应就是我必须对它采取一些行动，不是吗？我说我必须变得不暴力。这就是每一个宗教导师无数世纪以来告诉我们的东西——如果一个人是暴力的，他就必须变得不暴力。于是我练习非暴力，我去做所有那些意识形态上的事。而现在我看到了这一切是多么荒谬，因为那个观察暴力并且希望把它改变成非暴力的实体，它仍旧是暴力的。所以我不再关注那个实体的表现，而是去关注那个实体本身。

那么，那个说“我必须不能暴力”的实体是什么呢？这个实体和他观察到的暴力是不同的吗？它们是两种不同的状态吗？毫无疑问，那个说“我必须把暴力改变为非暴力”的实体和暴力别无二致。认识到这个事实就结束了所有的冲突，不是吗？那时将不再会有想努力改变它的冲突，因为我看到了，这种让心灵变得不暴力的运动本身就是暴力的产物。

而这个提问者想知道，为什么他无法超越心灵的那些肤浅伪饰。原因很简单，那就是心灵总是有意或无意地在寻找着某个东西，而这种寻找本身就带来了暴力、竞争和彻底的不满足感。只有当心灵完全寂静，才有可能触及那深层的奥秘。

欧亥

一九五五年八月二十一日

024

在发现什么是思考的过程中就有着冥想。

提问者：我的问题是：思考在哪里结束，然后冥想开始?

克里希那穆提：好的，先生。思考在哪里结束呢?等一下。我在探究什么是思考，我说这种探究本身就是冥想。而不是说要思考先结束，然后冥想才开始。请随着我一步一步来。如果我可以发现什么是思考，我就永远不会去问要如何冥想，因为在发现什么是思考的过程中就有着冥想。但这意味着我必须全然关注这个问题，而不只是专注于它。

在试着去发现什么是思考的过程中，我必须全然关注，在这之中是不会有努力和摩擦的，因为在努力和摩擦中就有着分心。如果我真的有意愿去搞清楚什么是思考，那么这个问题本身就会带来一种关注，这种关注中没有偏离，没有冲突，也没有那种我必须去专注的感觉。

拉杰哈特

一九五五年十二月二十五日

如果你可以无选择地觉察，那么意识的整个领域就会开始展现。

请聆听这些。在我讲的时候就这么去做。不要去想怎么做，而是现在就真正地去做。那就是，去觉察树木、天空，倾听乌鸦的叫声，观赏树叶的光泽、纱丽的颜色、人的脸庞，然后转向内在。你可以观察，你可以毫无选择地觉察外在的事物，这很容易。但是要转向内在，没有任何谴责、不去合理化，也没有比较地觉察，这就要困难多了。只是去觉察你内在发生的事情——你的信仰、你的恐惧、你的教条、你的希望、你的沮丧、你的野心等所有这些东西，然后意识就会展开，无意识开始显现。你什么事也不需要去做。

只是保持觉察，这就是所有你要做的，没有谴责，没有强制，也不试图去改变你觉察到的东西，然后你就会发现它就像一阵潮水涌来。你是无法阻挡潮水涌来的，不管是建造一道围墙还是做任何事情，它都将携带着巨大的能量汹涌而来。同样，如果你可以无选择地觉察，那么意识的整个领域就会开始展现。而当它展现的时候，你必须去跟随，但这种跟随会变得极其困难——这里，跟随的意思是：去跟随每一个思想、感受和隐秘欲望的运动。然而一旦你有所抵抗，一旦你说“那是丑陋的”“这是好的”“那是坏的”“我要保持这个”“我不会保持那个”，这种跟随就会变得很困难。

所以你开始从外在转向内在。而当你转向内在时，你就会发现内在和外在并不是两个不同的东西，外在的觉察和内在的觉察并没有什么不同，它们是一样的。然后你就会发现你是活在过去中的；你没有一刻真正地活过，没有过去，也没有未来——但这才是真实的一刻。你会发现你总是活在过去中——你曾经的感觉，你曾经是怎样的，是多么聪明、多么善良、多么邪恶——活在这些记忆中。这就是记忆。所以你必须了解记忆，而不是否定它、压抑它和逃避它。如果一个人发誓禁欲独身，然后抓着那种记忆不放，那么当他步出那种记忆时，他便会有罪恶感，而这就窒息了他的生命。

所以你开始观察每一样东西，由此变得非常敏感。通过倾听——通过不仅观察外在的世界、外在的姿态，同样也观察内在那个在观看从而感受的心灵——当你如此无选择地觉察，那么就不会有努力了。明白这一点是非常重要的。

孟买

一九六五年二月二十八日

任何一种冲突都是能量的浪费。

性是思想的产物吗？性——那种快感、愉悦、陪伴以及包含的柔情——是不是一种被思想所强化的记忆？在性行为中，有着自我忘却和自我舍弃，以及一种恐惧、焦虑和生活烦恼都不复存在的感觉。回想起这种柔情和自我忘却的状态，于是想要重复它，你就好像是一直在咀嚼回味它，直到下一次机会的来临。它是柔情吗？或者它只是一种对某些已经结束事物的回忆，而你通过重复，希望可以再次捕获它？而重复某样事物，不管多么令人愉快，它难道不是一种破坏性的过程吗？

年轻人忽然找到了他的话头："性是一种生理上的欲望，就像你自己说的，如果它具有破坏性的话，那么吃饭不也一样具有破坏性了吗？因为吃饭也是一种生理欲望。"

如果一个人饿了以后就吃饭——这是一回事。但如果一个人饿了，然后思想说："我必须要品尝到这样或那样的美食。”——那么这就是思想了，而它正是那种具有破坏性的重复。

“在性里面，你怎样才能知道什么是生理欲望，就像饥饿一样；什么又是心理需求，就像贪婪呢？”年轻人问道。

为什么你要区分生理欲望和心理需求？这里还有另一个问题，一个完全不同的问题——为什么你要把性与欣赏山峦的秀美或花朵的娇艳区分开来？为什么你要如此着力强调其中一个而完全忽视另一个呢？

“如果性是某种完全不同于爱的东西——就像你似乎在说的那样——那么我们还有任何必要去做任何关于性的事吗？”年轻人问道。

我们从未说过爱和性是两个分离的东西。我们说过爱是完整的，它不会被割裂。然而思想的本质就是支离破碎的。当思想占据支配地位，很显然就不会有爱。人们通常所知道的——也许是唯一知道的——是关于性的思想，也就是反复咀嚼回味性快感以及重复它。所以我们必须问：是否存在另一种不属于思想或欲望的性？

僧人带着平静的专注听完了所有这些。现在他开口了：“我曾经抵抗性，发誓禁欲，因为根据传统和理性，我明白为了献身宗教的生活，一个人必须保有能量。但现在我知道了这种抵抗其实消耗了大量的能量。我花费了更多的时间在抵抗上面，也在它上面浪费了更多的能量，超过了我曾经在性本身上面所浪费的能量。所以你刚才说的——任何一种冲突都是能量的浪费——现在我明白了。冲突和斗争远远要比欣赏女人的脸蛋，甚至也许比性本身更加严重地削弱了我们。”

是否存在没有欲望、没有快感的爱？是否存在没有欲望、没有快感的性？是否存在那种整体的、没有思想介入的爱？性是某种属于过去的事物吗？还是说它每一次都是新的？思想显然是旧的，因此我们总是在不断比较着旧的事物和新的事物。我们从那些旧事物中提出问题，而我们想要的也是一个依据陈旧事物而来的答案。所以当我们问：是否存在着一种性，它没有思想运转和工作的整个机制？这难道不就意味着我们还没有脱离旧的事物吗？我们深受旧事物的制约，以至于我们无法感知到进入新事物的途径。我们说爱就是整体，它永远是新的——这里的新并不是相对于旧而言的，因为那样的话它又变成旧的事物了。任何关于“存在着没有欲望的性”的声称都毫无价值，然而如果你已经追踪了思想的全部意义，那么你也许就能偶遇“另一个事物”了。可是，如果你要求自己必须不惜一切代价拥有你的快感，那么爱就不存在了。

年轻人说：“你所说的那种生理欲望恰恰就有着这样的要求，因为，尽管它可能不同于思想，但它催生了思想。”

“也许我可以来回答我这位年轻的朋友了，”僧人说，“因为我已经历过了所有这一切。多年以来，我训练自己不去看任何一个女人，残酷地控制住了生理需求。生理欲望并不会催生思想；而是思想捕捉到了它，思想利用了它，思想借由这种欲望制造出了意象和画面——然后欲望就成了思想的奴隶。在绝大多数时间里，是思想催生了欲望。就如我所说的，我开始看到了我们自身欺骗和虚假的奇特本质。我们身上有着很多虚伪，我们从未如实地去看待事物，而总是必然会制造出关于它们的种种幻想。然而，先生，你告诉我们的是：带着清澈的双眼，没有昨日记忆地去观察每一样事物。你是如此频繁地在你的演讲中重复着这一点。那样的话生活就不会成为一个问题。在我年迈之时，我终于开始明白这一点了。”

年轻人看起来并不完全满意这个答案。他想要生活能够符合他的条条框框，符合他所精心建立起来的公式。

这就是为什么了解自己是如此重要的原因——这种了解不依据任何公式，也不依照任何古鲁。这种持续不断的、无选择的觉察结束了所有的幻觉和虚伪。

此刻，大雨倾盆而下，空气静谧无语，只有滴落在屋顶和树叶上的雨声。

节选自《唯一的革命》

如果你没有过去，那么就不会有思想，你会陷入一种失忆的状态。

我们同样必须搞清楚思想的功能是什么，思想的意义、实质和结构是什么，因为也许正是思想造成了分裂，但若要通过思想和理智来找到一个答案，很显然，思想肯定会把每个问题单独分离出来，然后试图去找到每个问题自身的答案。为什么我们总是倾向于单独地去解决我们的诸多问题，就好像它们毫无关系一样？有些人想要一次物质上的革命，以此来推翻现有的社会秩序，从而建立一个更好的，但他们忘了人类整体的心理本质。所以我们必须问这个问题——为什么？问这个问题时，我们的反应是什么？它是一种思想的反应，还是说那种反应是来自对人类生命那巨大、广阔的整体结构的了解？

我想去搞清楚为什么这种分离会存在。在另一次关于观察者和被观之物的讨论中，我们曾经探讨过这个问题，但现在让我们忘记它，把它放到一边，然后换个不同的方式来处理它。是思想制造出了这种分离吗？如果我们发现是思想造成的，那么当思想努力找到一个特定问题的答案时，这个问题仍然是和其他问题分离的。我们是在一起探究吗？请不要同意我，这不是一个是否同意的问题，而是要你自己去看清它正确与否，不是去接受——任何时候、任何情况下都不要接受讲话者所说的东西。当我们一起谈论这些东西的时候是没有权威的，不管是你还是讲话者，都没有权威。我们双方都在探究、观察、审视、学习，所以这里并不存在同意或不同意的问题。

我们必须去发现思想是否经由其本质和结构把生活分裂成了许许多多的问题。如果我们努力通过思想来找到一个答案的话，那仍旧是一个孤立的答案，由此就会滋生进一步的混乱和不幸。所以，首先我们必须亲自去发现——自由地去发现，没有任何偏见，没有任何结论——是否思想是以这样的方式来运作的。因为我们大多数人都试图通过智性、情感或者“直觉”来找到一个答案。当我们使用“直觉”这个词时，我们必须极其小心，因为这个词中隐藏着巨大的欺骗性。我们所拥有的可能是那种受自己的希望、恐惧、怨恨、渴求和愿望所支配的“直觉”。所以我们必须当心这个词，永远不要去使用它。因此，我们努力通过智性或者情感来找到一个答案，就好像智性是某种和情感分离的东西，而情感则是某种和生理反应分离的东西一样，等等。就像我们整个教育和文化都是基于“以智性来处理生活”一样，我们所有的哲学也都是基于智性概念之上的。我们全部的社会结构都是基于这种区分的，就如我们的道德体系一样。

所以如果是思想带来了区分，那么它是如何区分的？不要只是对此玩玩游戏，而是真正地在你内心观察一下它，这要有趣多了。然后你就会看到自己发现了一件多么神奇的事。你将成为自己的光，成为一个完整的人，不再期望别人来告诉你做什么、思考什么以及如何思考。

是思想带来了区分吗？什么是思想？思想可以变得极度理性，可以不断地去推理分析，而且它需要这样有逻辑、客观、理智地去做，因为它必须完美地运作，就像一台计算机那样没有任何阻碍或冲突地运行。理性是必需的，而心智健全则是理性能力的一部分。那么思考是什么呢？思想是什么呢？

思想有可能是崭新和新鲜的吗？因为每一个问题都是崭新和新鲜的。每一个人类问题——不是指那些数学和科学的问题——都永远是新的。生活是全新的，而思想试图去了解、改变和诠释它，对它做一些事情。所以我们必须亲自去发现什么是思想。为什么思想会造成区分？如果我们真的有深切的情感，相亲相爱，不是嘴上说说的，而是真正的互爱——这只有当没有了局限，没有了那个作为“我”和“你”的中心以后才会发生——那时所有这些分裂都会结束。然而思想，也就是那种智性和大脑的活动，它是不可能去爱的。它可以去逻辑、客观、高效地分析推理。要登上月球，思想必须以最杰出非凡的方式来运转——登月值不值得是另一回事。所以我们必须了解思想。而我们要问，思想能否看到任何崭新的事物？还是说并不存在新的思想，思想永远都是旧的？因此当它面对着一个永远崭新的生活问题时，它就无法看到它的全新之处，因为它从一开始就试图依照其自身的局限来诠释它所观察到的东西。

所以思想是必需的，它必须理智、健康、客观、不带感情、非个人化并很有逻辑地运作。然而正是这种思想本身，它划分了“我”和“非我”，并且试图单独地去解决暴力的问题，就好像暴力问题和其他所有生活问题毫无关系一样。所以思想就是过去。思想永远都是过去。如果我们没有一个像大脑这样的录音机——它积累了各种信息、经验，不管是个人的还是集体的——那么我们就无法思考和反应了。我们明白这点了吗？不是嘴上说说，而是真正看到了。因此当我们带着过去去面对新事物的时候，新的事物必然会以过去的方式被诠释，由此就产生了区分。

你或许会问为什么思想会带来区分，为什么思想会解释。如果思想就是过去的结果，思想是昨日的结果，带着所有的信息、知识、经验、记忆等，那么思想去处理某个问题，就会把问题独立出来，就好像它和其他问题是分离的一样。对吗？你对此并不是很确定，但我会让你确信的，不是因为我要坚持自己的主张——这是非常愚蠢的，或者为了表现出我的辩论技巧比你更好——这同样是愚蠢的，而是我们要努力去发现它的真相，发现真正的“事实”。现在，把所有一切都暂时放在一边，然后观察你的思考。思想就是过去的反映。如果你没有过去，那么就不会有思想，你会陷入一种失忆的状态。过去就是思想，因此过去会不可避免地把生活分割成现在和未来。只要还存在着作为思想的过去，那么这个过去本身就会把生活划分成时间上的过去、现在和未来。

请跟上这点。我将会一步一步地来探究它，不要跳到我的前面去。我存在暴力的问题，而我想要完整地、全面地了解它，这样心灵就可以彻底地、完全地摆脱暴力了，然而只有通过了解思想的结构，它才能了解暴力的问题。正是思想滋生了暴力——“我的”房子、“我的”财产、“我的”妻子、“我的”丈夫、“我的”国家、“我的”信仰等。谁在做这些事，制造出了这个与其他事物对立的永无宁息的“我”？这是谁干的？教育、社会和教堂都在做这件事，因为我就是所有这些东西的一部分。思想就是物质，是记忆的产物，它就存在于大脑的结构和细胞本身之中。记忆就是过去，过去是属于时间的。因此当大脑运作时，不管是在心理上、社会上、经济上还是宗教上，它都必然始终是根据其自身的局限，通过时间与过去的方式来运作的。

那么，把出现的每个问题都视为一个整体问题又是什么意思呢？如果某人有着性方面的问题，它就是一个整体性的问题，它关系到文化、性格和其他的各种生活问题，而不只是孤立存在的。那么，那个把每一个问题都视为一个整体问题，而不只是单独碎片的心灵是什么呢？

每个教会、各种宗教都曾说过，“寻找神明，然后一切都会迎刃而解”。在他们看来，神明和生活就好像是分开的一样。所以，这种持续不断的分裂一直存在着，而我对自己说，观察这些——我不看那些书，但如果你只是去观察生活，那么你将会学到比任何书本中都要多的内容，既包括外在的，也包括内在的，如果你知道如何去观察的话——那么，那个把生活看作一个整体的东西是什么呢？我们在继续吗？它是什么？你知道了思想的宽广、效率和广袤，也知道并且观察到了思想必定不可避免地会分裂成“我”和“非我”，大脑就是时间的产物，因此它就是过去，当所有这些思想的结构运作时，它是不可能看到整体的。那么，那个把生活视为一个整体而不是把它分裂成碎片的东西是什么呢？你明白我的问题了吗？

提问者：所以还是存在一个问题。

克里希那穆提：我们已经了解了，但还是存在着一个问题——仍然有一个问题。那么，是谁在提出这个问题呢？是思想吗？肯定是思想。当你说你已经了解了，却仍旧存在一个问题时，这可能吗？当你已经完全地在每一个层次上——从最高到最低——都了解了思想的行动时，当你看清了思想的行动然后说“我已经非常了解它了”，那么，当你说还存在某个更进一步的问题时，问这个问题的人是谁呢？问题只有一个，那就是：这个大脑，这整个神经体系，这个涵盖了所有这一切的心灵在说“我已经了解了思想的本质”。而接下来的一步就是：这个心灵能不能去观察生活及其所有的广阔、复杂和它看似永无止境的悲伤，心灵能把生活看作一个整体吗？这是唯一的问题。思想并没有提出这个问题，是心灵在提出这个问题，因为它已经观察了思想的整个结构，懂得了思想相对的价值，由此它就可以说：心灵能否带着一双未被过去所沾染的眼睛去观察呢？

我们这就来探讨它。心灵、大脑——它们是时间、经验、上千种形式的影响、积累起来的知识，所有那些通过时间搜集起来作为过去事物的结果——这样的心灵，这样的大脑，可以彻底寂静从而去观察那个也许有着诸多问题的生活吗？这其实是一个非常严肃的问题，而不仅仅是娱乐消遣。一个人必须付出他的能量、才能、活力、热情和生命去发现它，而不只是坐在那儿问我一些问题。你必须付出你的生命去发现它，因为这是摆脱这种可怕的残忍、暴力、悲伤、堕落和所有腐败的唯一反应和方式。心灵、大脑，它们本身已经经由时间被腐化了，那么它们可以安静下来，把生活视为一个整体从而不再有问题吗？当你把某些事物视为一个整体，又怎么可能会有问题呢？只有当你支离破碎地去看待生活时，问题才会出现。请真的看到这其中的美。当你把生活视为一个整体，那么就不会有任何问题。只有一个分裂成碎片的心灵、内心和大脑才会制造出种种问题。这种碎片的中心就是“我”，这个“我”是经由思想而带来的，它本身并不是真实的。这个“我”，“我的”房子、“我的”家具、“我的”苦涩、“我的”失望、“我”想要成为某号人物的欲望，这个“我”就是思想的产物，它带来了分裂。而心灵能够不带着“我”去观察吗？因为它无法这样去做，无法不带着“我”去观察生活，所以那个“我”说：

“我将会把自己奉献给神明，奉献给这个或那个。”——你明白了吗？那个把它自己认同于它所认为更伟大事物的“我”，仍旧是“我”的一部分。

萨能

一九七〇年七月二十三日

思想会考虑某些东西，然后投射出它不会发生或者会再次发生的可能性，由此便滋生了恐惧。

我们要求心灵去检视它自己，并且感知恐惧的次序、活动和危险。因此我们不仅要检视生理上的恐惧，也要检视深藏在意识头脑下那些极其复杂的恐惧。我们大多数人都有过生理上的恐惧，要么是害怕曾经得过的疾病、它所有的痛苦和焦虑，要么我们曾遭遇过身体上的威胁。当你面对某种身体上的威胁时，还会有恐惧吗？请你去探询一下，不要说“是的，会有恐惧”，而是去搞清楚它。在印度以及非洲、美洲的荒野之地，当你偶然遇到一头熊、一条蛇或者一只老虎时，你立刻就会有所行动。不是吗？当你遇到一条毒蛇时，你立刻就会有所行动，那并不是有意识的、刻意的行动，而是本能的行动。

那么，这是恐惧吗？还是说它是智慧？因为我们正试图去搞清楚智慧的行动和源自恐惧的行动。当你遇到一条毒蛇，立刻会有一种生理上的反应，你会逃跑，你会流汗，你会试图去对它做点什么。这种反应是一种条件反射，因为世世代代以来你被告知要小心毒蛇、小心野兽。它是一种条件反射，因此大脑和神经会本能地做出反应，以此来保护自己。保护自己就是一种自然的、智慧的反应。你明白所有这些了吗？去保护生理机体是必要的，蛇是一种危险的东西，因此对它做出防卫性的反应是一种智慧的行动。

现在，来看看另一种情况，也就是生理上的痛苦。你去年或昨天遭受了身体上的痛苦，而你害怕它也许会再次重演。那种恐惧是由思想引起的。想起某些去年或昨天曾发生过的，并且也许明天会再次发生的事，这就是思想所带来的恐惧。请探究这点，注意，我们是在一起分享它。这意味着你在观察自己的反应，观察你自己一直以来的行动。那种恐惧是有意识或无意识思想的产物——思想就是时间，不是钟表上有先后顺序的时间，而是那种思想回想昨天或不久前发生过的事情，并且害怕它再次发生的时间。所以思想就是时间。思想制造了恐惧：我也许明天就会死，我过去做过的某件丑事或许会被曝光。思考这些东西就滋生了恐惧。那么，你是不是也在这样做？你曾经有过痛苦，你曾在过去做了一些你不想为人所知的丑事，或者你想在未来实现自我或者去做某件事情，但你也许无法去做了，所有这些都是思想和时间的产物。你也在做这样的事吗？大多数人都是如此。

那么，这种作为时间并且在时间中滋生了恐惧的思想的运动，它可以结束吗？你明白我的问题了吗？我们有着护卫自己、保护自我和生理上的生存所必需的智慧行动，这是一种自然、智慧的反应。而另一种情况则是，思想会考虑某些东西，然后投射出它不会发生或者会再次发生的可能性，由此便滋生了恐惧。所以问题就是：这种思想的运动——如此本能、如此迅速、如此执着、如此有说服力——它能自然地结束吗？不是通过反对！如果你反对它，那仍旧是思想的产物；如果你运用自己的意志力去停止它，那仍是思想的产物；如果你说“我不允许自己这样去思考”，那个说“我不……”的实体又是谁呢？它依然还是思想，因为它希望通过停止那种运动去实现某些其他的东西，而这仍旧是思想的产物。

因此思想也许把它投射了出来，但却无法实现它，于是其中就产生了恐惧。

所以我们在问的是，制造了这些心理恐惧的思想——不只是一个恐惧，而是许许多多恐惧——这种思想的所有活动是否可以自然、轻松、毫无努力地结束。因为如果你努力，它仍旧是思想，由此就会产生恐惧，并且仍旧陷入时间的领域中。因此我们必须找到一条途径，去了解或掌握那条途径，经由它，思想可以自然地结束而不再制造恐惧。我们是在彼此交流着吗？我不知道！你或许已经从字面上看清了这个概念、这种分裂，但这并不是看清。我们的谈话不只是字面上的，它是关于你的恐惧和你每天的生活的，这就是我们在谈论的东西——你自己的生活，而不是关于你生活的描述。因为描述并不是被描述之物，解释并不是被解释之物，文字并不是事物本身。这是你的生活、你的恐惧，它们是无法由讲话者来揭示的。通过聆听，你已经学会了揭示恐惧以及思想是如何制造恐惧的。

所以我们在问，那种引发、滋生、维持和滋养恐惧的思想和思想活动，是否可以自然、愉快、轻松地结束而无须任何的决心、抵抗和意志的活动。

现在，在我们可以通过发现真正的答案从而结束这个问题前，我们必须同样去探寻那种有意识和无意识的对于快感的追求，因为同样是思想维持了快感。昨天你经历了一段欣赏日落的美好时光，你说“多么壮丽的日落啊”，你从中获得了极大的快乐；然后思想介入进来了，它说“多么美丽啊，我想明天再次经历它”——不管它是一次日落，还是某人恭维了你；不管它是一次性体验，还是你所获得的其他快感，你都会想要去持续不断地体验它。快感并不仅限于性快感，我们有从成就中获得的快感，有通过成为某号人物而带来的快感，有成功的快感，有实现成就的快感，有你明日将做之事的快感，有你在艺术或者其他领域所体验到的某种快感，然后你会想要重复它们。所有这些都是快感。体味一下所有这些，然后你就会明白了。

所以，如果你要了解和摆脱恐惧，你也必须了解快感，因为它俩密切相关。但这并不意味着你必须放弃快感。你知道所有那些组织化的宗教——它们已经成了人类文明的祸害——它们说你必须不能有快感，不能有性。

因为教义不允许，你必须作为一个饱经折磨的人去接近神明。所以你绝不能看女人，不能看一棵树，不能欣赏天空的美丽，也不能看山脉那优美的曲线——因为它也许会让你联想到性和女人。你一定不能有快感，也就意味着你绝不能有欲望。所以当欲望出现时，拿起你的《圣经》，让自己沉迷其中，或者拿起《薄伽梵歌》，或者重复念诵一些字句——所有这些荒唐的事。

所以，要了解恐惧，我们就必须同样检视快感的本质。如果你明天不能再拥有快感了，你就会感到恐慌和沮丧。你曾在昨天享受过某种快感，而如果你明天不能再拥有那种快感了，你就会变得愤怒、不安、歇斯底里——它也是恐惧的一种表现形式。所以恐惧和快感是一个硬币的两面，你不可能只脱离其中的一面而保有另一面。我知道你想让你的一生都充满快感而脱离所有的恐惧，这就是所有你关心的东西。但你并没有看到，如果你明天没有了快感，你就会觉得沮丧和不满足，你会感到愤怒、焦虑、愧疚，所有心理上的痛苦都会出现。所以你必须同时观察这两面。

在了解快感的过程中，你也必须了解什么是喜悦。

快感是喜悦吗？快感是不是某种和存在的充分喜乐所完全不同的东西？我们将去弄清楚所有这一切。首先我们要问，思想及其所有的活动——它们有意识或无意识地滋生并维持了恐惧——是否可以毫不努力地自然结束恐惧。存在着你能意识到的恐惧，也有那些你未曾觉察到的无意识的恐惧。相比我们有所觉察的恐惧，那些我们没有觉察到的恐惧在我们的生活中占据了远远更为重要的部分。那么，你如何揭示出无意识的恐惧呢？你如何去曝光它们呢？通过分析吗？如果是，那么是谁在分析呢？如果你说："我将分析我的恐惧。"那么谁是那个分析者呢？那个分析者就是恐惧碎片的一部分。因此分析自己的恐惧根本没有任何价值。我不知道你们是否明白了这点。如果你去找某个心理分析师分析自己的恐惧，那个分析师和你一样也是受限于各个专家的：弗洛伊德、荣格、阿德勒或其他某个人。他是依照自身的局限在给你分析。对吗？因此分析无法帮助你摆脱恐惧。就如我们说过的，所有的分析都是对行动的否定。

所以你能不能在白天去观察你自己活动、思想和感受的全部运动，没有解释，只是观察？然后你会发现梦并没有多大意义，你将很少做梦。如果白天你是警醒的，而不是半睡半醒——如果你没有被你的信仰、偏见，被你那可笑渺小的虚荣和骄傲以及微不足道的知识所左右，而只是去观察行动中你有意识头脑和无意识头脑的全部运动——你就会发现不仅梦停止了，而且那些思想也开始平息下来，不再寻求、维持快感或回避恐惧。

在你携带着那些恐惧和快感的包袱离开这里之前，你的心灵有没有变得稍微敏感一些？通过了解那些包袱的沉重，你是否已经把它放在一边了，你是否已经丢弃了它，因此你正在小心翼翼地行走着？如果你真的理解了这些，聆听了它，一起分享了它，学习了它，那么你的心灵通过观察——不是通过决心，也不是通过努力，而仅仅只是通过观察——它就已经变得敏感，由此而充满智慧了。请不要去同意，如果你的心灵不敏感，那么它就是不敏感——不要玩什么把戏。

因此，当下次恐惧出现时——它会出现的——智慧就不会依照快感、压抑或逃避的方式来对它做出反应了。这个通过检视、了解和观察重负而来的智慧、敏感的心灵，它已经把恐惧放到了一边，由此而变得惊人的活跃和敏锐。那时它就会问一个完全不同的问题，也就是：如果快感并非生活的方式——虽然它一直都是我们大多数人的生活方式——那么生活是否就是荒凉贫瘠、枯燥无味的？或者，快感和喜悦的区别是什么呢？它是否意味着我永远无法享受生活了？请不要同意我的说法，去把它搞清楚。你以前都是依照快感和恐惧的方式在享受着生活。那些即刻的快感——性爱、喝酒、大鱼大肉、屠杀动物，等等这一切，就是你们一直以来的生活方式。而通过检视和观察，你突然发现那种快感根本就不是生活之道，因为它导致了恐惧、沮丧、痛苦、悲伤，以及社会与个人的巨大困扰等。所以现在你会问一个截然不同的问题：什么是喜悦？

是否存在未被思想和快感所沾染的喜悦？因为当喜悦被思想所沾染，它就会再次变成快感，由此就会有恐惧。所以，是否存在一种已经理解了快感和恐惧的日常生活的方式，一种喜悦的、愉快的、不再日复一日携带着快感和恐惧的生活方式？

你知道什么是喜悦吗？看着那些山脉，看着山谷的美丽和山顶的光辉，看着那些树木与流动的河水，欣赏它们。你什么时候才能欣赏它呢？那就是当头脑、当思想不再把它作为一种获取快感的手段的时候。你可以去看那些山脉，去看一个女人或男人的脸庞，山谷的线条以及树木的摇曳，然后从中获得巨大的愉悦。当你做完这件事后，它就结束了。但如果你还是继续携带着它，那么痛苦和快感就开始了。所以你能够观察，然后结束掉它吗？在这件事上，你需要小心，极度警觉。那就是，你能够看着那些山脉——却不为它的美丽所深深陶醉，就像一个玩玩具的小孩，他被玩具吸引，然而当玩具没了以后又回到自己的痛苦中一样——只是看着那种美丽，这种“看”本身就已足够，在它之中就蕴含着愉悦，但不要携带着它，希望明天还能拥有它。这意味着——看到那种危险——你可以经历一些巨大的快乐，然后说它已经结束了。但是它结束了吗？头脑难道不还是有意识或无意识地在营造着它、咀嚼着它、想着它，希望不久以后它可以再次发生吗？请注意，所有这些都是你自己的巨大发现，而不是别人告诉你的。所以欢乐、愉快、喜悦、狂喜和快感之间有着巨大的差别。

所以你可以观察所有这一切，然后发现生活的美。存在这样一种美，在它之中没有努力，而只有带着巨大狂喜的生活，在这种生活中完全没有快感、思想和恐惧涉足。

萨能

一九七〇年七月二十六日

第二章 思想是我们生活的核心问题

当你持续不断地洞察而不带任何结论的时候，那种心灵状态才是创造性的。

这是多么令人惊讶的美丽和有趣——那就是当你有了一种洞察时，思想是如何消失不见的。只有当心灵不再机械地运作于思想的结构中时，你才会有一种洞察。而在有了洞察以后，思想会从中得出一个结论，接着它就会行动，但思想是机械的。所以我必须去弄清楚，洞察自我——它意味着洞察世界——却不从中得出一个结论，这是否可能？如果我得出一个结论，我就是在依照着某个观念、意象或符号而行动，而它们就是思想的结构，所以我在不断地阻碍着自己拥有洞察，阻碍着自己如实了解事物。因此我必须去探究这整个问题：为什么当有了一种感知以后，思想就会介入进来，然后去得出一个结论。

我感知到某些东西是正确的，我看到控制自己——请认真听好这点——就带来了一种我内在的分裂——控制者和被控制物，由此就有了冲突。我洞察到了它，那就是真相，但是我整个思考过程已经被“我必须控制”的观念所局限了，我的教育、我的宗教和我所生活的这个社会、家庭的结构，每一样事物都在对我说“要控制”，这是一个世世代代传下来的结论，也是我自己所得出的结论，而我依照这个结论来行动，这就是机械化的。所以我生活在持续不断的斗争中。而现在，我对这整个关于控制的问题有了一种洞察。所以我有了一种当心灵自由观察、没有局限时才会产生的洞见，然而这种局限的整体结构仍旧存在着。因此现在有一颗心说：“天哪，我已经非常清楚地看到了这一切，可我还是陷入控制的习惯中。”所以就有了一场战争——一方是机械化的，而另一方是非机械化的。那么，为什么思想要依附于这整个控制的结构呢？因为是思想带来了这种控制的想法。

控制意味着什么？它意味着自我内部的压抑、分裂，也就是我身上的某个碎片，它在说：“我必须控制其他的碎片。”这种分裂就是思想制造出来的。思想在说：“我必须控制自己，否则我就无法使自己适合于周围的环境、适合于别人的看法等等诸如此类，因此我必须去控制。”所以，思想就是记忆的反映——记忆就是过去，记忆就是经验和知识，而经验和知识都是机械的——这种思想拥有巨大的力量。因此，感知、洞察和局限之间有着持续不断的战争。

那么，心灵该怎么做呢？这就是我们的问题。你看到了某种新的东西，但是那些旧的东西仍然在那里——那些旧的习惯、旧的观念、旧的信仰，所有这一切都是如此沉重。那么，心灵要如何保持洞察从而不在任何时候形成一个结论呢？因为如果我有了一个结论，它就是机械化的，它是思想的产物、记忆的产物。从记忆中就会产生一种作为思想的反映，然后它就会变得机械化、变得陈旧。请和我一起去试验一下。

存在着那种洞见，也就是看到了某种完全崭新、清晰和美丽的事物；也存在着过去及其所有的记忆、经验、知识，并且从中产生了那种小心、警惕、害怕，以及想知道如何把新事物带到旧事物中去的想法。那么，当你清楚地看到了这些时，会发生什么？我们就是过去的产物，虽然年轻的一代也许会努力摆脱过去，并且觉得他们可以自由地创造一个全新的世界，但他们并没有脱离过去。他们是在对过去做出反应，由此在延续着过去。

所以我看到了这些。我看到了思想的所作所为，同时也清楚地感到只有当思想不在时，洞察才会存在。那么，你要如何解决这个问题呢？我不知道你有没有思考过它，也许你是第一次去看这个问题。那么你、心灵，要对此如何反应呢？

让我换个不同的方式来问一下这个问题。心灵必须拥有知识：我必须知道我住在哪里。心灵必须知道它所说的语言。它必须运用思想——思想就是记忆、经验和知识的反映，也就是过去。思想必须运作起来，否则，如果我无法清楚地思考，你和我之间就不会有交流了。所以我发现在这个机械化的世界里，知识的运作是必需的。从这里回到我住的地方，说某种语言，根据知识去行动，根据各种经验去行动，这些都是机械化的。某种程度上，这种机械化的过程必须维持下去。这就是我的洞察，你明白了吗？因此，当有了洞察，就不会有知识和摆脱知识之间的矛盾了。

我现在所洞察到的就是：知识是必需的，同样也存在着那种当思想不在时所产生的洞察。因此感知、洞察一直都存在着，它们并没有矛盾。

看看把我想要传达的东西诉诸文字的困难吧。我想要传达给你的是，一个持续不断依照结论运作的心灵不可避免地会变得机械化，而因为自身的机械化，它就必然会逃避到某种幻想、神话和宗教中去。你洞察到了这些，然后说：“天哪，这是多么正确。”而现在，如果你从那种洞察中得出了某个结论，你移动到了一个不同的地方，但它仍旧是机械化的。因此当你持续不断地洞察而不带结论的时候，那种心灵状态才是创造性的，而不是心灵处于冲突中，然后通过冲突创作出画作、书籍。那样的心灵永远不会是创造性的。现在，如果你看到了这些，这就是一种洞察，不是吗？

你知道，在文学领域、艺术领域，人们会说某人是一个伟大的艺术家、一个极富创造性的伟大作家。然而，如果你看一下文学作品背后的那个作家，你就会发现他也是处于日常生活的冲突中的——和他妻子的冲突、和他家庭的冲突、和社会的冲突，他是野心勃勃的、贪婪的，他想要权力、地位和声望。他有着一定的写作才华。经由压力和冲突，他或许可以写出几本非常好的书，但他并不是深层意义上的具有“创造性”。而我们在试图去发现是否我们每一个人都能够具有深层意义上的“创造性”——不只是某种表达，也就是去写一本书、写一首诗或者无论什么东西，而是具有洞察并且永远不从那种洞察中得出一个结论，由此你就可以不断地从洞察走向洞察、从行动走向行动了。这就是自发性。

而这样的一个心灵很显然必定是独立的——“独立”的意思并不是孤立。你知道孤立和独立的区别吗？当我在自身周围建造了一道抵抗的围墙时，我就是孤立的。我在抵抗。我抵抗任何批评、任何新的观念，因为我害怕，我想要保护自己，我不想被伤害。因此这就在我的行动中带来了一种自我中心的活动，也就是一种孤立的过程。清楚了吗？我们大多数人都在孤立着自己。我曾经受过伤害，而我不想再被伤害。那种伤痛的记忆依然存在，因此我会去抵抗。我信仰神明或者别的什么，于是我会去抵抗任何怀有质疑的问题，抵抗任何批评我信仰的东西，因为我已经在我的信仰中获得了安全感。这些东西就孤立了我。这种孤立也许包含了成千上万或数百万人，但它仍旧是孤立的。当我说我是一个天主教徒或者无论什么时，我就是在孤立着我自己。而独立则是截然不同的，它并不是孤立的反面，而是——请认真听这一点——深入洞察了孤立。那种洞察就是独立。

你知道，死亡就是彻底孤立的最终状态。你把一切都留在了身后，包括你所有的工作，你所有的观念；在对死亡的恐惧中，你变得彻底孤立了。而这种孤立与了解死亡的所有本质是完全不同的。如果你对此有了一种洞察，那么你就是独立的。

因此一个自由的心灵每时每刻都有着洞察，一个自由的心灵是没有结论的，所以它不是机械化的。这样的心灵就处于行动中，处于那种非机械化的行动中，因为它看到了事实，时刻洞察着一切事物。因此它在不断地运动着、活跃着。这样的心灵永远是年轻的、新鲜的，它无法被伤害，而机械化的心灵就会受到伤害。

首先，我们的关系是机械化的，这意味着我们的关系是建立在观念、结论和形象之上的。我有一个关于我妻子的形象，或者她也有一个关于我的形象——这里形象的意思就是知识、结论和经验——从那种结论、知识和形象中，她采取行动，然后她又通过行动增强了那种形象和结论，就和我所做的一样。所以那种关系是两个结论之间的，因此它是机械化的。你们或许可以把它称为爱，你们或许可以睡在一起，但你们的关系是机械化的。而由于它是机械化的，所以你想要刺激——宗教的刺激、心理上的刺激——以及各种形式的娱乐消遣，以此来逃避这种机械沉闷的关系。最后你离婚了，试图去寻找另一个能带给你新鲜感的女人或男人，但是那种新的关系很快也会变得机械化。

所以我们的关系就是建立在这种机械化的过程之上的。现在，如果你对此有了一种洞察，如实地看到了它——那种快感，那种所谓的“爱”，所谓的“对抗”，那些挫折沮丧，那种你所建立起来的关于她或者关于你自己的形象和结论——如果你对这些有了洞察，那么所有这一切就会消失了，不是吗？你不再有一个形象，也就是结论。由此你的关系就是直接的，而不是通过某个形象而来的。但是我们的关系是建立在思想、智性之上的，它们是机械的，它们很显然和爱没有任何关系。我也许会说“我爱我的妻子”，但这并不是实际的事实。我爱的是我所抱有的、在她没有打击我时的那个形象。所以我发现关系就意味着摆脱形象和结论，因此它意味着责任和爱。这并不是一个结论，你明白了吗？

所以我的大脑就是一个仓库，里面装满了知识、各种经验、记忆、伤害和形象——这些都是思想，对吗？请真的看到这点。而我的大脑——它既是我的大脑也是你的大脑——经由时间，经由进化、成长而被局限了。

它的功能就是去生活在彻底的安全中，这是很自然的，否则它就无法运作了。所以它在自己周围建造了一道围墙——信仰、教条、声望、权力、地位的围墙，它在自己周围建立起了这些，以此来获得彻底的安全。你是否曾经观察过你自己大脑的运作？你会发现当它不害怕的时候，也就是当它有了彻底的安全感时，它才能出色、有逻辑和健全地运作。那么，彻底的安全存在吗？由于不确定是否存在彻底的安全，于是它开始去推论出存在着这种安全。它得出了一个结论，此结论就变成了它的安全感。我感到害怕，我发现我，还有大脑，只有在有了真正快乐和舒坦的安全时才能够运作。但我无法享受那种安全，因为我害怕，我害怕自己也许会失去我的工作，失去我的妻子。我很害怕，因此出于恐惧，我把自己的能量投入某个信仰中、某个结论中，而它则变成了我的安全感。那种信仰、结论也许是一个错觉、一个神话、一种胡说八道，但它却是我的安全感。人们相信所有那些教会的话，它纯粹只是一个神话，但它却是人们的安全感所在。所以我发现安全感存在于某个信仰或某种神经质的行为中——因为神经质的举动同样也是一种安全感的形式。

所以大脑只有在彻底的安全感中才能够自由、充分地运行。它必须有安全感，不管那种安全是真实的还是虚假的，是一种错觉还是根本不存在。所以它会去发明出一种安全。而现在，我看到了在信仰、结论中，在任何人、任何对他人的追随中都没有安全可言。我看到了在那些东西中是没有安全的。因此在这种“看到”、这种洞察之中，我就有了安全。安全存在于洞察中，而不是在结论中。你明白了吗？不是从我这里明白的，而是你自己明白了。你领悟到它了吗？它对你来说是真实的吗？

所以我们有了这个问题：那就是心灵或大脑只能够在彻底的秩序、彻底的安全感和彻底的确定性中运作，否则的话它就会变得疯狂和神经质。当心灵抛弃掉所有这一切时，它所拥有的安全是什么？它的安全就存在于那种带来智慧的洞察之中。安全就是智慧。不是知识，不是经验，而是对知识价值的洞察才是维持智慧的力量。在那种洞察中就有着安全。因此那种智慧、那种洞察永远不会害怕。

如果我们所有人都能明白这一点——也就是觉察的本质、感知的本质、洞察的本质——那么这将是一件伟大非凡的事，因为那时心灵就可以自由地生活。是生活，而不是活在冲突、战争、怀疑、恐惧、伤害和所有这些不幸之中。

萨能

一九七二年七月十八日

思想是可度量的，思想是我们生活的核心要素。

我认为我们存在的核心问题就是思想，思考的整个机制。我们的文明——既包括东方的，也包括西方的——都是建立在思想之上、建立在智性之上的。思想成就了这个世界上最非凡惊人的事情——整个科技的世界，登陆月球，有可能为每一个人都建造出舒适的房屋。但思想同样也造成了无数的伤害——所有的战争工具，破坏自然，污染地球。同样，如果我们非常深入地探究它，思想也创造出了遍及全世界的所谓宗教。思想要对基督教徒的神话以及他们的救世主、教皇、牧师、救赎等所有这一切负责。思想同样也要对某种文明及其技术和艺术的发展、关系中的残忍和暴虐、阶级的区分等负责。这种思想的运作机制是机械化的，是一种机械化的哲学，是机械的物理现象，而思想已经把人类划分成了“我”和“非我”以及“我们”和“他们”，划分成了印度教徒、佛教徒，划分成了年轻人和老年人、嬉皮士和非嬉皮士，也划分出了那些既定的制度等。所有这些结构都是思想的产物。我认为这是非常清楚的，不管是在宗教、世俗、政治还是国家的领域。

思想创造出了一个不可思议的世界——那些繁华都市，还有快捷的交通运输。思想同样也在关系中分裂了人类。思想——也就是记忆、经验、知识的反映，它分裂了人类。也就是说，在我们彼此之间的关系中，思想已经借由一系列的事件、活动而建立起了关于“我”和“你”的形象。那些形象通过持续不断、互相作用的关系而得以存在。这些形象是机械化的，由此关系也变得机械化了。

所以思想所带来的不仅有外在世界的分裂，同样也有人类内心世界的分裂。而我们也看到思想是必需的，它是绝对必要的，否则你就无法回到自己的家，你无法写出一本书，也无法讲话。而思想就是记忆、经验和知识的反应。思想借由“现在”投射出“未来”，它把“现在”修正、塑造、设计成了“未来”。

如果思想不是个人化的，那它就能符合逻辑、高效地运作。我们有着积累起来的知识，也就是科学，还有着积累起来的所有观念。知识变得很重要，但是知识——

也就是已知——阻碍了心灵超越现在和过去。思想只能够在已知的领域中运行，尽管它也许能够依据自己的局限，依据自己对已知事物的知识而投射出未知。在全世界你都可以观察到这种现象——理想、未来、“应该如何”，那些根据背景、局限、教育和环境得出的必然发生的事情。思想同样也要对行为负责，那些在所有关系中都存在的低俗、粗野、残忍或暴力的行径等。所以思想是可度量的。

这在西方世界就是希腊文化爆发式的扩张，而希腊文化是以度量的方式来思考的。对他们而言，数学、逻辑学、哲学都是度量的产物，而度量就是思想。然而如果不了解思想的整个运作机制及其巨大的意义，不了解它在何处会变得具有彻底的破坏性，那么冥想就是没意义的。除非你真正了解并对思考的整个机制有了一种深刻的洞察，否则你是不可能超越它的。在东方，印度（不是现代印度，而是古代印度——只不过他们的肤色不同，气候不同，一小部分的道德不同而已）对全亚洲产生了爆炸性的影响。古代印度人说度量是幻象，因为当你可以度量某个东西的时候，那个东西就是非常有限的；而如果你们把自己所有的结构、道德和生活都建立在度量，也就是思想之上的话，那么你就永远无法自由了。

但你也看到，思想——它作为智力，那种能够了解、观察，能够一起有逻辑地思考，去设计、去构建的能力——也塑造了人类的心灵、人类的行为。在亚洲，人们说要找到那个不可度量的事物，你就必须控制思想，你必须通过行为、通过正确的行动、通过各种形式的自我牺牲等来塑造它。而西方也完全一样。在西方，人们也说要去控制、要去行动、不要伤害、不要杀戮。但不管是东方还是西方，某些国家仍在杀戮、在胡作非为——什么事都做。

思想就是我们生活的核心要素，这点我们不可能否认。我们或许可以想象自己拥有一个灵魂，存在着一个主宰，存在着天堂和地狱，但我们是借由思想而发明了所有这些东西的；那些高尚的品质和丑陋的存在都是思考机制的产物。所以我们问自己：如果这个世界，这个外部的存在，它就是机械化哲学和机械化物理学的产物的话，那么思想在关系中的位置是什么？思想在探究不可度量之物中的位置是什么？——如果的确存在着不可度量之物的话。你必须去搞清楚，而这就是我们要一起来分享的东西。

我想去搞清楚什么是思想，以及思想对生活来说有什么意义。如果思想是可以度量由此而非常局限的话，那么思想能够去探究某种不属于时间、经验和知识的事物吗？你明白我的问题了吗？思想能够去探究它吗？那个不可度量的事物、未知的事物、无名的事物、永恒的事物、永无止境的事物——人们已经给它起了一打的名称，但这不重要。而如果思想无法去探究它，那么那个能够进入这种没有语言文字维度的心灵是什么呢？对吗？因为语言文字就是思想。我们用一个词语来传达一个特定的概念、一个特定的想法、一种特定的感受。所以，思想和回忆、想象、谋划、设计、算计密切相关，因此它是从某个中心出发来运行的，那个中心就是积累起来的知识——那个“我”，这样的思想能够去探究某种它不可能理解的事物吗？因为它只能够在已知的领域内运作，否则的话，思想就会感到困惑和无能为力。

所以，什么是思考？我想要自己的内心了然分明，去发现什么是思考，去发现或者找到它正确合理的位置。我们说过思考就是储存在脑细胞中的记忆、经验和知识的反映。因此思想就是发展、进化的产物——发展进化就是时间。所以思想是时间的产物，而它只能在它围绕自身所创造出来的空间里运作。而那个空间是非常有限的，那个空间就是“我”和“非你”。思想，思考的整个机制，它有着自己合理的位置。然而思想在两人的关系中则会变得具有破坏性。你看到这点了吗？思想，它就是知识、时间、进化的产物；它是机械化哲学、科学的结果，哲学与科学都是建立在思想上的——虽然偶尔也会出现一种在其中没有思想介入的新发现。也就是说，你发现了某种完全崭新的东西，而那种发现并不是思想的发现。然后你会把你所发现的东西用思想的方式、已知的方式来加以诠释。一个伟大的科学家，虽然他或许拥有数量惊人的知识，但是在他看到某个新事物的那一刻，那些知识是不存在的。他洞察到了某种完全崭新的东西，然后他会把它诠释成已知、文字、词句、逻辑化的顺序。而这种思考是必要的。

所以知识绝对是必需的。你可以增加它，减少它，而浩瀚庞大的知识是人类所必需的。但在人类的关系中，知识是必要的吗？我们彼此关联着，我们都是人类，我们生活在同一个地球，这是我们的地球，而不仅是基督教徒或者英国人、印度人的地球，这是我们大家的地球，它的美丽，它不可思议的富饶，这就是我们大家赖以生存的地球。那么思想在关系中的位置是什么呢？关系就意味着相互关联，关系意味着负责任地、自由地对彼此做出回应。所以思想在关系中的位置是什么？思想，它可以去回忆、想象、谋划、设计和计算，那么它在人类关系中具有什么样的位置？它有任何位置吗？请注意，我们是在探询我们自己，而不是在机械地探询别处的东西。

思想是爱吗？不要否定，我们正在质询、探究这一点。当我们生活在同一屋檐下时，我们的关系是什么，丈夫、妻子、朋友之间的关系是什么？它是不是建立在思想上的？思想同样也是感受，这两者是无法分割的。如果关系是建立在思想上的，那么它就会变得机械化。而对我们大多数人来说，这就是我们彼此之间的关系——机械化的关系。我所说的机械化，指的是那个思想所创造出来的关于你、关于我的形象。那些每个人日复一日、年复一年所创造和护卫着的形象。你已经建立起了一个关于我的形象，而我也建立了一个你的形象，而形象就是思想的产物。那个形象会变成防卫、抵抗和算计，我在自己周围和你周围都建立起一道围墙，而你也在自己周围和我的周围建立起了一道围墙——这就被称为关系，事实就是如此。

所以我们的关系就是思想的产物——这种算计的、记忆的、想象的、人为的关系。然而这是关系吗？说一句“不，它当然不是”是很容易的。当你说得如此明白，它当然不是关系了。但事实上，它就是我们的关系。如果我们不欺骗自己的话，这就是事实。我不想被伤害，但我却不介意伤害你，因此我建立了一道抵抗之墙，而你也做了同样的事。于是这种相互关系的过程就变得机械化和具有破坏性了。而当关系变得机械化、具有破坏性时，我们就会有意识或无意识地试图逃离它。

因此我发现了，我洞察到了，在关系中，任何一种思想的干扰都会变得机械化。我已经发现了这点。对我来说这是一个巨大的事实——那就是当思想介入了关系中，它就会像一条毒蛇、一个悬崖或者一只危险的野兽一样具有破坏性。我看到了这点。那么我该怎么做呢？我已经看到了思想在某个层面上是必需的，而当那种思想存在于关系中时就会变成最具破坏性的事物。也就是说，你伤害了我，说了关于我的一些话，奉承我，给予我快感——性快感或者其他快感，你抱怨我、威胁我、支配我，让我感到挫折——这些全都是我所抱有的关于你的形象和结论。当我见到你的时候，我就会投射出所有这些东西。我或许会努力去控制它、压抑它，但它总是在那里。所以我要怎么办呢？我看清和洞察到了思考的整个机制——不是某个方向上的、人类生活中的那种思考机制，既包括外在的也包括内在的——它俩是同一种运动。而如果心灵要超越它，去超越和凌驾于它之上的话，那么思想要如何才能被给予足够的活动范围而不会带来其自身的挫折呢？来吧，看到这一切的美！

因为如果没有了解，没有进入这种思想永远无法介入的状态，生活就会变得非常机械化、例行公事、无聊、厌倦——你知道这种生活。在知道了它是寂寞、可怕、丑陋的并偶尔有些快感或喜悦以后，我们想要去逃避它，逃离这种恐怖。因此我们想象、创造出了那些神话——神话有着某种地位。基督教徒的神话让人们凝聚在了一起，而印度人也有一些伟大的神话，这些神话带来了一种团结；然而当这些神话退去，分裂就产生了，这就是如今世界上正在发生的事。如果你真的非常认真地去思考它，你就不会有关于神明或其他事物的种种神话了，你会把它们统统扔掉。

所以心灵要怎样才能带来一种和谐，其中有没有已知和摆脱已知之间的分裂？已知就是知识，就是思想的运作，还有一个则是摆脱已知。这两者共同运动着，有着完美的和谐、平衡与美丽。你明白了吗？首先你有没有看到这个问题？有没有发现这个问题的美？不是那两个东西的整合——整合是不可能的，因为整合就意味着要把若干部分组合到一起，增加一些新的部分，或者拿掉旧的部分，而那就意味着要有一个能够做这件事的实体，一个思想所发明的局外人。就像印度人所说的灵魂，但那仍旧是思想。所以我的问题是：已知和未知；摆脱已知的自由，和那个已经洞察到了完全没有思想产生的维度的心灵——它们能否像两条河流般交汇在一起，共同流动？

那么这可能吗？还是说它仅仅只是一个概念、一个理论——虽然“理论”这个词在词典中最初的意思是拥有一种洞见，拥有立即看到事物真相和注视观察的能力。那么，这就是问题所在了，思想和非思想。思想——当我必须建造一座桥梁、写一本书、发表一段演讲、盘算着要去哪里时——这时我需要用到思想。而在关系中则完全没有任何思想，因为那才是爱。那么，这两者可以一直并肩而行吗？

这两者能否和谐地共存在一起，由此行动就不会再基于思想之上？因为那样的话它只会变得机械化、局限，成为一种形象之间的关系了。所以我们能不能既有这种知识的运动——因为知识总是在运动着的，它并不是静态的，你总是在增加着更多的知识——同时又有那种运动，在其中完全没有作为形象制造者的思想的介入？如果这个问题已经清楚了，那么你就会看到思想——它仍旧在运作，它会说：要那么做你就必须控制。你明白了吗？你必须控制思想，你必须掌控好它，不让它介入关系中去，你必须建立一道围墙。所以思想一直在算计、想象和回忆——回忆某个人曾经说过：那就是这两种运动必须共同行进。于是思想说："我将会牢记它，它真是一个了不起的想法。"——因此它把这作为记忆存储了起来，然后准备根据那种记忆去采取行动。所以它说："我必须控制。"而所有机械化的哲学、文明和所有的宗教结构都是建立在这个基础上的控制——在你控制和充分压抑之后，你就会获得自由。这纯粹是胡扯！

所以，思想会开始创造出一种要如何行动来获得和谐的模式。所以它就已经毁掉了和谐！现在，我对此有了洞察。我已经洞察到了这个问题，那就是控制并不是出路——控制意味着压抑，一个在控制的实体，而那个实体仍旧是思想——思想化身为控制者、观察者、审视者、经验者和思考者。我已经洞察到了这一点。那么心灵该怎么做呢?

你要如何才能拥有一种洞察?什么是洞察?它是如何发生的?你知道我所说的洞察是什么意思——那就是你看到了某个事物是错误的，某个事物是正确的，立即看到它。偶尔你也会这样做。你完全看清了某个事物，于是说："天哪，它是多么正确。"那么，那个在说"它的确如此"的心灵，它的状态是怎样的?——那种状态与思想没有任何关系;与逻辑或辩证——也就是观点——没有任何关系。那个立即看清事实由此而看到它真相的心灵，它的状态是怎样的?很显然，如果思想者在那里，那么就不会有觉察了。对吗?如果思想说"我将会通过压抑、控制，通过各种形式的奉献、苦行、禁欲或者无论什么而带来一种非凡状态"的话，那它就会去经历所有这些特殊的事情，以此希望能遇到"另一个事物"。它之所以去寻找"另一个事物"是因为这里的事物是有限的、烦人的、无聊的、机械的，因此，在它想去获得更多快感、更多刺激的渴望中，它就会接受认可那"另一个事物”。

所以我们现在正在探询什么是没有观察者的观察。因为观察者就是过去，它是落入思想领域中的，因为它就是知识，从而也就是经验以及这类东西的产物。所以是否存在着一种没有观察者，也就是没有过去的观察？我能够看着你，看着我的妻子、我的朋友、我的邻居而没有我借由关系而产生的形象吗？我能够看着你而没有所有这些事物产生吗？这可能吗？你伤害过我，你说过一些我的坏话，你散播过关于我的流言蜚语。那么我能够看着你而不背负着所有这些记忆吗？那意味着，我能否看着你而没有任何思想的干扰——那种记住了曾经的侮辱、伤害或者奉承的思想？我能够看一棵树而不带着任何关于那棵树的知识吗？我能够聆听河水流过的声音而不去命名或识别它，只是聆听这种声音的美吗？你能这样做吗？你或许可以聆听河水的声音，你或许可以看着那些山脉而没有任何刻意的企图，但是你能否带着一双从未被过去所沾染的眼睛去观察你自己以及所有你有意识或无意识的积累物？你曾经这样做过吗？看着你的妻子、女朋友、男朋友或者无论谁，而不带着任何一点过去的记忆？那时你会发现思想是不断重复的、机械化的,但关系却不是,由此你就会发现爱并不是思想的产物。所以也就不存在诸如神圣的爱和人类的爱这样的东西了,存在的只有爱。

没有了词语还会有思想吗?还是说心灵已经如此彻底地成了词语的奴隶,以至于它无法不带词语地去看思想的运动?也就是:我、心灵,心灵能够观察那个“我”,观察“我”的全部内容而不带着词语吗?观察我的真实现状而没有任何联想——对词语、记忆或者回忆的联想——由此就会有一种对于自我的了解,其中没有任何的回忆,也没有积累起来的知识——也就是那些愤怒、嫉妒、敌对或者渴望权力的经验。所以我能否看着我自己——不是“我”,而是心灵——能否看着它自己而没有词语的运动吗?因为词语就是那个思想者,词语就是那个观察者。

现在,要如此清楚地看,心灵就必须惊人地摆脱掉任何依附,不管是依附一个结论——结论就是形象;依附某个观念——观念是思想的产物,因为观念是通过词语、句子和概念拼凑出来的;还是依赖于任何法则、任何恐惧和快感的运动。这种觉察本身就是最高形式的纪律——这里纪律所表达的意义是学习,而不是遵从。

我们是从探询从而一起分享以下这个问题开始的：思想在生活中的位置是什么？因为就我们现在的生活而言，我们所有的存在都是建立在思想之上的；或许可以想象存在并不是建立在思想之上的，存在是建立在某种灵性事物之上的，但这仍旧是思想的产物。我们的神明，我们的救世主，我们的上师，我们的古鲁，都是思想的产物。那么思想在生活和存在中的位置是什么？当思想的运作没有带着那个“我”的干扰时——那个“我”在运用着知识，那个“我”在说，“我这个科学家要比那个科学家更好”，“我这个古鲁要比那个古鲁更好”——它就有其逻辑、合理与有效的位置了。所以当知识被使用而不带着那个“我”时——“我”就是思想的产物，它制造出了“我”和“你”之间的分裂——它就会成为最神奇非凡的东西，因为它将带来一个更美好的世界、一种更好的世界结构、一个更好的社会。我们拥有足够多的知识可以带来一个幸福的世界，在那里我们可以衣食无忧，有房子住，有工作，不再会有贫民区，但是这些都被否定了，因为思想已经把它自己分裂成了“我”和“你”，我的国家和你的国家，我的信仰和你的信仰，然后我们互相争战不休。

所以，思想作为记忆、回忆、想象力和算计时，有其逻辑、健康的位置，但它永远不能进入关系中。如果你看到了这点，不是从逻辑上，不是从语言上，不带着那种“如果我这样做就会更幸福”的想法，也不是通过语言、通过想象、通过公式看到，而是看到了它的真相，那么你就到位了。那时就不会有冲突了。这是自然发生的，就像树上的果子成熟了一样。

提问者：身体和思想有什么关系？

克里希那穆提：如果我没有身体的话，我还能思考吗？没有身体，没有所有的肌体组织及其神经、感受，没有生理系统有效的机械化运作过程，没有这些东西，还会有思考吗？如果我没有大脑，没有那些储存着记忆的脑细胞——它们经由无数神经连接着整个身体——还会有思考吗？

当身体死亡了，我们所制造出来的思想会怎么样？我已经活了三十年、五十年或者一百年，把我一生大多数的时间都花在了办公室的工作上——天知道这是为什么——谋生、战斗、吵架、争论、嫉妒、焦虑。你知道的，这就是我的生活，我所过的这糟糕透顶的生活。所有这些都是“我”。那么这个“我”和身体是不同的吗？请非常仔细地去探究这点。“我”和那个工具是不同的吗？很显然，它是不同的。“我”是关于我的伤害、痛苦、快感等所有这些东西的记忆的产物，那些记忆作为思想储存在了脑细胞中。那么当身体死亡了以后，那种思想还会再继续吗？你问了这样一个问题：当那个我所铭记的、爱过的、曾经与他散步和分享快乐的兄弟或朋友死去时——我还会记得他吗？他还存在吗？我依赖他，我不想失去他。看看发生了什么吧，我不想失去他，在他或她身上，我有过无数快乐和痛苦经验的回忆，我依赖那些回忆，我执着于那些回忆。

于是思想说：“他肯定还活着，我们将会在来世相遇，或者我们会在天堂里相见。我喜欢这种想法，它带给了我安慰。”而这时你却过来说：“简直是一派胡言，你只是个迷信的老头。”于是我和你争吵，因为它给予了我巨大的安慰。所以我在寻找的不是任何事情的真相，而是安慰。那么，如果我不寻求任何形式的安慰的话——事实又是什么呢？如果我和芸芸众生一样，过着可鄙、卑微、嫉妒和焦虑的生活，那么我又何足轻重呢？我就像是茫茫人海中的芸芸众生。然后我死了。可我执着于我那渺小的生命，我想要它延续下去，希望也许在未来的某一天，我将会获得幸福。带着这个想法我死去了，没有价值，没有意义，没有美，也没有任何真实之物。然而如果心灵可以步出这巨大的洪流——它必须这么做——那么就会有一个完全不同的维度。

萨能

一九七二年七月二十日

正是我们日常生活中的行为给这个世界带来了混乱，因此必须在我们的行动中进行一次心理上的革命。

如果一个人已经观察过，那么他就会自己看到，思想——不管它多么微妙——是如何滋生出这种包含了关系、社会行为以及带着区分的奇特的人类结构的，当有了区分，就必然会有冲突、暴力。不管它是一种语言上的区分还是阶级上的区分，或是借由意识形态、种种体系而带来的区分，这些区分必然会制造出暴力。而除非我们非常深入地认识到这种暴力是如何出现的，不仅了解暴力的原因，而且要远远超越这些因果，否则我们就永远无法摆脱——至少在我看来是这样的——这种正在世界上发生着的极度的痛苦、困惑与暴力。

所以我问自己，我们将会问问彼此：那种相对于思想以及人类行为而言的自由是什么？因为正是我们日常生活中的行为给这个世界带来了混乱。所以我们能有彻底的自由、脱离思想的自由吗？如果有了脱离思想的自由，那时思想又是什么位置？请注意，这并不是智性上的哲学。哲学意味着对真理的爱，而不是猜测性的观点、推理性的结论或者理论上的看法。它真正的意义是我们日常生活和行为中那种对真理的爱。要非常认真地去探究这点——我希望你们可以这样做——那么我们就必须去质询、去学习，而不是记着那些我们认为正确的东西或者我们已经得出一个结论的东西——因为我们并不准备去得出任何结论。相反，真理并不是一个结论。只有当思想制造出一些观念、一些辩证而来的“真理”时，才会产生一个结论。而带着它的结论，思想就会变成一种造成分裂的手段。

所以我们应该做的是自己去发现从而了解什么是思考，以及思考——不管它多么理性、多么有逻辑、理智与客观——能否在我们的行动中带来一次心理上的革命。思想一直都是局限的，因为思想就是记忆、经验、知识和积累物的反映。思想来自那种局限，因此思想永远无法带来正确的行动。我们看到这点了吗？因为我曾经见过世界各地的很多心理学家，他们看到了人类的真实现状，人类的行为是多么矛盾，人类是多么痛苦不幸地存在，于是心理学家说我们应该做的是去奖赏他们，由此就能以另一种不同的方式制约他们了。也就是说，我们不要因为他们的恶行去惩罚他们，而是要去奖赏他们的善行并且忘掉他们的恶行。所以从小开始，你就被奖赏这种方式局限着而去正确地行动，或者说是做出他们所认为的“正确”行动。他们仍旧是用思想在生活。对他们来说思想是无比重要的，他们说思想必须加以塑造，思想必须以一种不同的方式被制约，由此从那种不同的结构中就会产生不同的行为了。可是，他们仍旧是活在思考的模式中的。

在古代印度，那些佛教徒们曾经尝试过这么做，每一个宗教都曾经尝试过。但是人类的行为，它所有的矛盾和支离破碎，却依然是思想的产物。而如果我们要彻底改变人类的行为——不是在外围，不是在人类存在的外层边缘，而是在我们存在的核心处改变——那么我们就必须去探究思想的问题。你必须去看清它，而不是我。你必须看清这个真相，也就是思想必须被了解，我们必须学习关于它的一切内容。它必须是一件对你来说无比重要的事而不是因为讲话者这么说了。讲话者是没有任何价值的，有价值的是你正在了解的东西，而不是你记忆的东西。如果你仅仅只是重复讲话者所说的话，去接受或者否定它，那么你就根本没有真正地深入探究这个问题。然而如果你真的想要去解决这个人类问题，也就是要如何带着爱平静地生活，没有恐惧，也没有暴力，那么你就必须去探究它。

所以我们要怎样才能了解什么是自由？不是摆脱压迫、恐惧，摆脱所有那些我们所担忧的琐事的自由，而是摆脱了恐惧源头的自由，摆脱了造成我们对立的源头的自由，摆脱了我们存在根源的自由——我们的存在中有着那种可怕的矛盾，那种骇人的对于快感的追求，所有那些我们所创造出来的神明以及他们的教堂与牧师——你知道所有这些东西。所以在我看来，我们必须问问自己：我是想要外围的自由呢，还是你存在的核心处的自由？如果你想要了解的是所有存在源头处的自由，那么你就必须去了解思想。如果这个问题已经清楚了——不只是语言的解释，不是你从那种解释中所收集起来的观念，而是你真正觉得绝对必要的事情——那么我们就可以一起踏上旅程了。因为如果我们可以了解它，那么我们所有的问题都将得到解答。

所以我们必须去发现什么是学习。首先，我想要知道是否存在着摆脱思想的自由，而不是如何运用思想，那是接下来的问题。那么心灵有可能摆脱思想吗？这种自由意味着什么？我们只知道摆脱某个事物的自由——摆脱恐惧，摆脱这个或者那个，摆脱焦虑，摆脱一大堆的东西。那么是否存在着一种并非摆脱任何东西的自由，而是它内在、它本身的自由？而问了这个问题，对它的回答是取决于思想的吗？还是说自由就是思想的不复存在？了解意味着持续不断的觉察感知，因此了解并不需要时间。我不知道你是否看到了这一点。请注意，它真的极其重要！

布洛克伍德公园

一九七二年九月九日

我们需要一个并非由思想所拼凑起来的头脑和心灵。

我希望你和我能看到同样的东西，不仅在语言层面上了解，同样也要在非语言层面上了解它，那就是对于这些问题，不管它们是什么问题——经济的、社会的、宗教的还是个人的——我们需要有一个并非由思想所拼凑起来的头脑和心灵。思想无法解决我们的问题，因为这些问题就是通过思想的活动而产生的。要带来一次根本的、彻底的、革命性的、心理上的改变，这才是我们首要的问题。

萨能

一九七三年七月十五日

将大脑和心灵从一大堆记忆中解脱出来。

要结束思想，我就必须首先去探究思考的机制。我必须从内心深处彻底地了解思想。我必须去检视每一个思想，不让任何一个未被充分了解的念头溜走，这样的话，大脑、心灵、整个存在就会变得警觉留心。当我彻底追踪每一个思想直至它的根源和尽头时，我将会发现那个思想自己就会结束，我不需要对它做任何事。因为思想就是记忆，记忆就是经验的烙印，而只要经验还没有被充分、完全、彻底地了解，它就会留下一个烙印。而一旦我完全地经历了它，经验就不会留下烙印了。所以如果我们去探究每一个思想，看烙印在哪里，然后把那个烙印作为一个事实与之共处的话，那么那个事实就会打开，那个事实将会结束思考的特定过程，由此每一个思想、每一个感受都会被了解。于是大脑和心灵就从那一大堆记忆中解脱出来了。这需要巨大的关注，不只是关注树木和鸟儿，而是从内在去关注以确保每一个思想都被了解了。

节选自《克里希那穆提谈教育》

知识是必要的，而冥想则是去发现、遇见或者观察那个没有思想活动的领域。

心灵能不能清空它的过去，然后遇见自身之中未被思想所触及的那个领域？你知道，迄今为止，我们都只是在作为知识的思想领域内运作。那么心灵中是否有任何其他的部分、其他的领域——它包含了大脑，却没有被人类的挣扎、痛苦、焦虑、恐惧和所有的暴力，所有那些人类通过思想制造出来的事物所触及？发现那个领域就是通过冥想。那意味着去发现思想是否可以结束，但同时在必要的时候也能在知识的领域里运作。我们需要知识，否则的话我们就无法行使职责了，我们将无法说话、无法写字等。知识的运作是必需的，然而当身份变得至关重要时——也就是思想作为“我”，作为某种身份进入以后——它的运作就变得神经质了。所以，知识是必要的，而冥想则是去发现、遇见或者观察那个没有思想活动的领域。那么这两者可以每天都和谐地共存吗？这才是问题所在。问题不是呼吸法，不是挺直打坐，也不是重复咒文，然后不断重复它直到你认为自己已经身处天堂为止——这是胡扯！

萨能

一九七四年七月二十八日

只有在有安全感的地方，大脑才能感到满足。

思想建造那个被称为“我”的结构的原因是什么？为什么它要这么做？这真的是一个极其重要的问题，因为这就是我们的生活。我们必须极其认真地对待它。为什么思想要制造出那个“我”？如果你看到了这个事实，即思想建造了“我”，或者如果你说这个“我”是某种神圣之物，某种先于所有时间之前就已经存在的事物——很多人就是这么说的——那么我们也必须来探究一下。

为什么思想会制造出那个“我”？为什么？我不知道，我会去搞清楚。你认为思想为什么制造了那个“我”？

这里有两个原因。一是思想需要安定，因为只有在有安全感的地方，大脑才能感到满足。也就是说，当有了安全感，不管在神经系统上还是在理性上，大脑就能绝佳地运作。所以原因之二就是思想本身是没有安全感的，它本身是支离破碎的、四分五裂的，它已经创造出了那个“我”，将其作为某种永恒的事物，那个“我”已经和思想分离了，因此思想认为它是某种永恒的东西。而这种永恒性通过依附而被加以认同：我的房子，我的性格，我的愿望，我的渴望，所有这些都给了那个“我”一种彻底的安全感和延续感。难道不是这样吗？然而这种“‘我’是某种先于思想的东西”的想法，事实果真如此吗？谁又可以说它是先于思想而存在的呢？如果你说它是先于思想而存在的——就像很多人说的那样——那么你是基于什么推理、什么基础而做出这种论断的呢？它是不是一种来自传统的论断，一种来自信仰的论断，一种由于不想承认那个“我”是思想的产物，而觉得它应该是某种无比神圣事物而来的论断——这种神圣事物同样也是那种“认为‘我’是永恒的”想法的投射？

所以在观察了以后，我们抛弃了这个“我”是永远神圣、永远超越时间或者无论它是什么的想法，因为这太荒谬了。我们可以非常清楚地看到是思想建造了那个“我”——那个“我”已经变得独立，那个“我”已经获得了知识，那个“我”就是观察者，那个“我”就是过去。它经历了现在，然后把自己稍加修正，又变成了未来，但它仍旧是由思想拼凑起来的“我”，并且那个“我”已经变得独立于思想了。对吗？我们可以从这里继续下去吗？请不要接受这些描述和词句，而是看清这件事的真相。就像你看到这个麦克风的事实存在一样，看到这个东西。那个“我”有着一个名字、一种外形。那个“我”有着一个标签，被称为“克”或者“约翰”，它有着自己的外形，它把自己和那个身体、那张脸等全部这一切认同起来。所以人们会把那个“我”与名字和外形——也就是那种结构——认同起来，会把“我”与它想要追求的理想以及它的渴望认同起来——渴望把“我”变成带着其他名字的、另一种样子的“我”。所以，这就是“我”。这个“我”是时间，也就是思想的产物。这个“我”就是词语。拿掉词语，“我”又是什么呢？

所以那个“我”在受苦。那个“我”，就像“你”一样，它在受苦。所以那个在痛苦中的“我”，它就是“你”。当“我”处于自己巨大的焦虑中时，它也就是“你”巨大的焦虑，所以你和我是一样的。这是最根本的实质。虽然你高一点、矮一点或更聪明一点，有着不同的脾气，不同的性格，但所有这些都是文化的外围活动，而在内心深处，从根本上来说，我们都是一样的。

所以那个“我”在贪婪的洪流中，在自私的洪流中，在恐惧、焦虑等的洪流中运动着，它和在洪流中的“你”是一样的。也就是说：你是自私的，另一个人也是自私的，你感到害怕，另一个人也会感到害怕。从根本上来说，你们都在受苦、流泪、贪婪和妒忌，这是所有人类的共同点。这就是我们现在生活于其中的洪流。这就是我们所卷入的洪流——我们所有人。让我们这样来说吧：我们生活在这股自私的洪流中。“自私”这个词就包括了上述对于“我”的所有描述。当我们死去，机体组织也会死去，然而这股自私的洪流却会持续下去。

思考一下这点。假设我过着一种非常自私的生活，活在以自我为中心的活动里：我的欲望，我欲望的重要性，那些野心、贪婪、妒忌、财富的积累、知识的积累、我收集起来的各种事物的积累——我把这些都叫作“自私”。而这就是我所生活于其中的东西，那就是“我”，而那也是你。在我们的关系中也是一样的。所以，当我们生活时，我们就是一起流动在这自私的洪流中。这是一个事实，而不是我的观点，也不是我的结论。如果你观察一下它的话，你就会明白了。

因此这股自私的巨大洪流——如果我可以使用“自

私”这个词来囊括所有它暗示的东西的话——它就是时间的运动,而当身体死亡以后,这种运动还是会继续下去。我们每天都生活在这股洪流之中，直到死去，而当我们死去以后，这股洪流还是会继续。这股洪流就是时间。它就是思想的运动，那种思想的运动制造出了痛苦，制造出了“我”，经由这种思想运动，现在这个“我”声称自己是独立的，然后把自己和“你”区分开来了，但是当它受苦时，这个“我”和你是一样的。所以这个“我”是词语，是思想所想象出来的结构，而它本身则没有任何的真实性。是思想造就了它；因为思想需要安全感、确定感，它把自己所有的确定感都寄希望于那个“我”。而在这之中就有着痛苦。当我们生活的时候，我们被那种运动、那股自私的洪流所席卷。当我们死去，那股洪流却仍旧存在着。

那么这股洪流有可能结束吗？我的身体会死亡，这是显而易见的。我的妻子也许会为我哭泣，但事实就是我死了，这个身体死亡了。而这种时间的运动则会继续下去，我们都是它的一部分。这就是为什么说这个世界就是我，我就是这个世界。这种洪流会结束吗？它的结束是否就是某种完全不同于洪流的事物的显现？那是否意味着，自私及其所有的微妙细节能够彻底结束？那种结束就是时间的结束，由此就会有一种完全不同的显现——它没有丝毫的自私。

萨能

一九七五年七月二十四日

当我们在观察自己的时候，我们其实就是在探究整个人类。

我们之前谈了思想的运动，思想是如何建立起这个现代世界的，既包括技术上，也包括心理上，它在科学领域和心理领域都做了一些什么事。思想已经建立了各种不同的宗教、教派、信仰、教条、仪式、救世主、古鲁，以及其他所有那些你们所熟知的东西。我们说了，思想有它自己的位置，它是局限的、支离破碎的，思想是不可能去了悟、理解或者遇见那个整体的。思想永远无法发现那个永恒的事物，永远无法发现是否存在着某种真实，是否存在真理。思想在任何情况下都永远无法遇见那个无限广阔的事物；而由于没有理解那个整体，那个作为思想和度量的时间已不复存在的维度，思想就必然会找到它自己的位置，然后让自己局限在那个空间里。

如果可以的话，现在我想来探究一下观察自我的问题。当我们观察自己的时候，我们并没有孤立自己、局限自己，变得以自我为中心，因为就如我们所解释过的，我们就是世界，世界就是我们。这是一个事实，而当我们作为人类去检视我们的意识和自己全部的内容时，我们其实就是在探究整个人类——不管他是生活在亚洲、欧洲还是美洲。所以这并不是一种以自为我中心的活动。当我们观察自己的时候，我们并没有变得自私，变得以“自我”为中心，变得越来越神经质和失衡；相反，当我们审视自己的时候，我们是在检视人类的不幸、冲突和人们为自己及他人所制造出的无数骇人之事这整个问题。因此，了解这个事实是非常重要的，即我们就是世界，世界就是我们。因此当我们观察自己的时候，我们就是在观察人类。

萨能

一九七六年七月十三日

第三章 你将成为自己的光

如果日常生活没有处于完美的秩序之中，那么冥想就是某种廉价的东西，是一种逃避，一种毫无意义的、虚幻的追求。

为什么思想会变得极度重要？如果是思想制造了恐惧，如果是思想制造了过去，也就是知识——知识是如此异乎寻常的重要——那么我们是否可能给予思想正确的位置，从而使它不会进入任何其他领域中？我们在交流着吗？

所以什么是思考？当我问了你这个问题时，你在思考或者在倾听吗？你做的是哪一个？给予思想正确的位置就能带给你脱离恐惧的自由。你真正在倾听这段话吗？还是你会说："我要怎样才能把思想放在它正确的位置上呢？请告诉我该怎么做！"那样你就没有真正地在听！你已经走岔了，对吗？

请你倾听，去弄清楚，去学会那种把生命中的一切事物置于正确位置的艺术——不管是性、情绪还是其他任何东西。我们在问：思想能够认清自己以及自己的活动，由此赋予自己正确合理的位置吗？你明白了吗？现在，思想在所有方向上运动着，其中的一个方向就是恐惧。所以要了解恐惧，你就必须了解思想所在的位置，而不是去停止思想。你或许会试着这样去做，但你是无法停止思想的。如果你可以把它放在正确的位置上——不是“你”来放，而是当思想把它自己放在了正确的位置上时——那时它就会了解，它会知晓自己的局限，它会知道自己理性、逻辑等能力——但是它是在它正确的位置上。所以我们在问：你能不能够——思想能不能够——看清它自己，看清它自己的局限、它自己的能力，然后说：“这种理性、能力有它自身的位置，但在其他地方是没有它的位置的。因为爱并不是思想，它是吗？爱是思想、回忆的产物吗？”

回忆你的性快感或其他快感——这是爱吗？我们在说你必须要去了解，不是去记忆、重复讲话者所说的东西，而是真正亲自去发现思想是否有它自己的位置，是否意识到了它自己的位置。当它意识到时，它就不会在其他任何方向上运动了，由此就不会再有恐惧。这需要去应用、去检验，不是口头上的同意，而是每天去检验它，这样的话你就会明白——不是“你”明白——“你”是思想创造出来的。对吗？思想已经让你和它产生了分别，而这就是我们的问题之一。思想的源头就是记忆的开端，不管它是原始人的记忆还是类人猿的记忆，记忆就是思考的源头。就像一盒磁带会记录一样，大脑也会记录，也就意味着它在记忆。而思考的源头就是记忆，这是一个简单、平常的事实。所以思想能够醒悟到自身，明白它自己就是恐惧的原因，然后说“我知道自己正确的位置了吗”。你知道，这需要极大的觉知，不是专注，而是对于恐惧的整个运动所暗示含义的强烈觉知，以及对思想活动的了解。

你看，如果你这样做的话，如果你的思想探究了这点，那么这就是真正冥想的一部分了，因为如果你的生活没有秩序，你就无法冥想。如果你的日常生活没有处于完美的秩序之中，那么冥想就是某种廉价的东西，是一种逃避，一种毫无意义的、虚幻的追求。这就是为什么我们说如果要有真正的冥想——完整意义上的冥想，那种深度的状态，那种美丽、明澈和慈悲——你就必须从打下你日常生活中的秩序这个基础开始。但你发现这是极其困难的。于是你离开了，去坐在一棵树下，或者捏住你的鼻子，去做各种把戏，然后认为自己正在冥想。

所以，如果你非常认真地倾听了讲话者所说的东西，那么彻底摆脱恐惧就极有可能了，因为我们是在一起旅行、行走，在我们的行进中，在我们的探索中，我们在一起分享着。所以你不是在从某人那里学习什么，而是当你在行走和探索时，你就在学习了。这里没有任何权威。所以现在，思想意识到它自己的位置了吗？去冥想它，去思考它，去探究它，拿出你的一生去搞清楚！因为那时，作为一个全人类的代表——你的意识就是全人类的意识——你自己就会看到，当意识中不再有恐惧时，你这个已经了解并且超越了它的人，就改变了全人类的意识。这是一个事实。所以如果我可以问一下的话，你是否——思想是否——已经学会了这种把自己置于正确位置的艺术？一旦你学会了，幸福之门就会开启。

马德拉斯

一九七七年十二月三十一日

结束就是一个新的开始。

我们在试着去发现自我最深层的本质，因为我们所有的活动都是建立在自我的基础上的，“我”是首要的，你是次要的。在我们所有的关系中，在我们所有办公室的活动里、社会活动里，在我们彼此的关系中，自我中心的活动总是在不断地进行着——甚至在我们冥想的时候，在我们被认为具有宗教性的时候也是如此。那么什么是自我呢？你们中大多数人也许都读过了哲学，那些圣书——我不会把它们称为是神圣的，因为它们只是一些书籍罢了——或者某个人已经告诉了你，你的古鲁或者信仰已经告诉了你，自我是某种非凡的事物，它自始至终都将会永远存在。

所以我们问的是一个很简单的问题，但它其实是极度复杂的。你如何应对这个问题才是最重要的：你是不是带着恐惧、带着某个结论来应对它，或者你接受了他人的权威，由此你的应对方式就已经是局限和画地为牢的了。或者你是否看到了：要探究，我们就必须自由，否则就无法探究。如果你已经有了偏见，如果你已经有了某种理想、结论、希望，它们就会影响你的探究。所以，我是否可以问：你能自由地去探究这个问题吗？非常谨慎、逻辑、理智和自由地去探究，去发现自我的本质和最深层的实质。……虽然他的外形、名字或许是不同的，但是那个觉得自己或者认为自己是分离的个体，那个人的身份，真的是分离的吗？他的气质、个性、怪癖、倾向和品质——它们是不是他所处的文化的产物，或者说个性的发展是一种对文化的抵抗？这点非常非常重要。

所以，首先你是什么？你的活动是建立在自我的基础上，建立在从早到晚的自我中心活动的基础之上的。那么那个中心是什么呢？你借由这个中心去行动，你借由这个中心去冥想——如果你在冥想的话——我希望你没有；从这个中心出发，产生了你所有的恐惧，所有的焦虑、悲伤、痛苦和情感；从这个中心出发，你去寻找幸福、觉悟、真理或者无论什么；从这个中心出发，你说“我立誓成为一名僧侣”；从这个中心出发，如果你在经商的话，你就会努力去变得更强大、更富有，对吗？这就是我们在检视的中心，那个自我。那个自我是什么呢？它是如何出现的？有没有可能去知晓真实的自己，而不是你所认为的自己、你希望成为的自己？是否可能去完全地了解它，知晓它的本质？是否可能去超越自我所有那些支离破碎的活动？

所以自我——那个中心——它是由思想拼凑起来的吗？请考虑一下，然后去探究和论证，就好像你是第一次思考这个问题；那时它就是崭新的，那时你就可以去探究了。但是如果你说“我已经知道自我是什么了，我已经有了关于它的一些结论”，那么你就阻止了自己对它的检视。

所以，自我是什么呢？你是什么呢？不是“你是某某人”，而是你实际上是什么？“你是某某人”和“你是什么”之间是有区别的。当你说“你是某某人”的时候，你就是在研究着某个人物，这导致了你越来越偏离了那个中心；但是如果你说“你实际上是什么”，你的“事实”，那么你就是在处理真实现状了。真实现状就是实际在发生着的事。所以，你是什么呢？你就是一个名字、一个外形、一种社会与文化的产物，那种社会和文化世世代代以来一直在强调着你是独立分离的，是某种永远可以被辨别的事物，对吗？你有着自己的个性、你特定的倾向，要么是侵略性的，要么是屈从的。而这难道不是由那种思想带来的文化所拼凑起来的吗？要人们去接受一种非常简单而又符合逻辑的检视是很困难的，因为他们宁可认为那个自我是某种最非凡的事物。而我们指出的就是“那个自我什么都不是，它只是词语和记忆”。所以自我就是过去。而知晓自己就意味着在你和他人的关系中去观察自己，观察自己真实的模样。那时自我的反应就会在我们的关系中呈现出来——不管是亲密的关系，还是非亲密的关系。那时你就会开始看清自己的模样，你的种种反应、偏见、结论、理想，你的这个和那个。所有这些难道不都是一种结果吗？当某个东西是一个结果时，它就会有一个源头。所以源头是否就是那一系列的记忆、回忆，也就是那个思想创造出来的并执着于它的中心？

所以，什么是爱呢？冥想的真正意义又是什么？冥想是不是就是清空意识及其所有的内容——恐惧、贪婪、妒忌、国家主义，我的信仰和你的信仰，我的仪式和我的占有物，清空所有这一切？那意味着去面对、观察“空无”。那个“空无”就是“没有任何东西”。你知道，“空无”就意味着“空无一物”。“东西”是由思想所制造出来的。我想知道你们是否看到了所有这些。自然并不是由思想制造出来的，那些树木、星辰、流水、可爱的夜晚和阳光的美，它们并不是由思想所制造出来的。然而思想利用树木制造出一把椅子、一张桌子，那就是一个东西了。所以当我们说“空无”的时候，它意味着不是一个由思想安放在那儿的东西。这并不是否定。

所以什么是爱呢？它是一个属于思想的东西吗？它是一件支离破碎的事情吗？还是说当思想不在时，爱才会存在？而爱与悲伤、悲伤与热情的关系是什么？死亡的意义是什么？爱不是一个东西，它不是某种由思想制造出来的东西。如果思想是爱的话，那么这种爱将是支离破碎的，是某种作为欲望的思想使人们把它接受成为爱的事物，比如快感，不管是感官的快感、性的快感还是其他形式的快感。所以如果爱不是思想，那么爱和慈悲的关系又是什么呢？慈悲是不是伴随着悲伤的结束而出现的？而悲伤又意味着什么？请注意，你必须去了解，因为我们在谈的是我们的生活，我们每天的生活。因为我们都经历过巨大的悲伤——为某人的死去而悲伤，不同形式和多种多样的悲伤、苦恼、孤独，彻底绝望，希望渺茫。你是怎么看待所有那些没有任何希望的可怜人的？

所以我们必须来探究这个关于悲伤的问题——这个人类无数世纪以来一直努力想去了解、接受、超越、把它合理化的东西之一，或者人们会使用各种不同的梵文词语来解释它，我们是否可能彻底结束它，或者就像基督徒所做的那样，把所有的悲伤都加在一个人身上。而如果你不做任何这类事情——所有这些都是逃避——那么你就会直面你的悲伤了。你知道那种孤独的悲伤，不是吗？那种挫折的悲伤：深爱某人却没有得到回报；或者当你深爱某人，但他却已离去的悲伤；还有那种每个人都会有的悲伤，感到彻底的、内在的空虚，毫无价值，毫无自我充实感。你知道那些各式各样的悲伤。但悲伤是不是一种自怜？我失去了某人，这给我造成了极大的痛苦。在那种极度的痛苦中就有着自怜，感到孤独，失去陪伴，一种完全被抛弃的感觉，没有任何力量、活力与独立性。你变得极其孤独。

我们都知道这类悲伤。而通过把它合理化、解释和寻求回避——这就是我们在做的事——我们就陷入逃避的网络中了。而如果你没去逃避，因为你了解了逃避、压抑、参拜寺庙和所有这些荒谬之事的徒劳无益，那么你就是在面对着事实而没有离开它了。你已经明白了，那就是“不要离开”。思想想逃离它，但却仍旧和它在一起，观察那个东西的成长、开放和枯萎。而只有当你看着它的时候，当你关心那个你称为悲伤的事物时，思想才能够这样去做。

你知道，当你关心某个东西的时候，你会带着极度的敏感、巨大的关心和无比的关注去看着它。母亲悉心照料着她的孩子，她会半夜起床好多次，虽然疲惫不堪，但是她关心孩子，她在密切注意着！所以如果你可以用同样的方式，带着关心、踌躇和感情去观察这个叫作悲伤的东西的话，那么你就会发现不再会有对它的逃避了，而这个一直被称为悲伤的事物本身也会转变成某种截然不同的东西，那就是激情——不是欲望，而是激情。没有激情，生命就没有意义。

所以自我和它的结构是建立在“空无”之上的，在自我的最深处是绝对的空无一物。而只有当思想意识到它自己在关系中没有任何位置的时候，才可能有爱的美、伟大和恢宏，由此爱才会存在。

所以接下来的事是要去发现爱和死亡的关系是什么。我们的存在和死亡有什么关系？我们极度关心死后将会发生的事，却从不关心在这之前发生的事情。我们从不关心我们要如何去过自己的生活，而总在关心我们会如何结束生命。但现在，我们要反转这个过程，去看看你要如何度过你的日常生活，在你的日常生活中是否有一种结束，结束你执着的事物。你知道自己的生活是什么，不是吗？它是一场从你出生那一刻起持续到你死去的战争，是一连串永无止境的冲突、毫无希望的努力——这种努力没有把你带到任何地方，它只是带来了更多的金钱、更多的快感、更多的东西——这些东西也包括了你的神明，因为它们也是由双手或者头脑所制造的，也就是思想的活动：焦虑、沮丧、得意忘形、困惑、不确定，总是在寻找着安全却永远无法找到。这就是你的日常生活，控制自己，去控制性或者沉溺于性，还有野心、贪婪、权力和地位。对吗？这就是你日复一日、丑陋、残忍的生活。而你通过把它叫作各种名字或者赋予它特别的意义来掩饰它。但事实上这就是你的日常生活，而你害怕放开这种生活。但当你死去，你将不得不放开它，你是无法和死亡讨价还价的。死于事故，死于疾病，死于高龄，死于衰老……你知道的，你将面对所有这一切。

所以这就是你的生活，而我们说它要远远比死亡更加重要——不是在最后的时刻，而是就在此刻。请听好，死亡意味着结束。我知道你们都想要延续下去。我们也许会认为存在着轮回转世，然而是否存在着来生是完全无关紧要的。意义重大的是此刻是什么，你能否转变你现有的生活方式。即使你真的相信这种轮回转世的观念，那么下辈子转世出生的是什么呢？出生的是谁？是你自己、你的贪婪、你的妒忌、你的残忍和你的暴力，只是稍稍改变了一下而已。而且，如果你相信它的话，那么你现在做的事情就是无比重要的，但你还没有真正达到这一步，你只是在玩弄概念，你是贪婪、妒忌、残忍和好斗的。

所以我们在问，死亡是否就意味着大脑没有了氧气，没有了血液，于是它就衰退，然后结束了。那么，你可以现在就在生活中结束某些你奉若珍宝的事物——也就是你自己吗？你能够结束你的依赖物吗？结束它，而不是去为它辩解。结束它，然后看看会发生什么。如果你结束了所有的事物，比如贪婪、妒忌、焦虑、孤独，就在此刻结束，那么死亡就会有一种完全不同的意义了。那时就没有死亡了，你一直和死亡生活在一起。死亡就是生活，结束就是一个新的开始。可如果你让同样的事物不断延续下去，那么就没有任何新的东西了。只有当有了结束，才会发生一次绽放。你明白了吗？去这样做，拜托了，在你的生活中去这样做，去试验它。这就是当我说你必须要认真时所指的意思。只有“认真”的人才是在生活。这里认真的意思是他知道自己是害怕的、贪婪的，他觉察到了自己特定的快感，从而毫无辩解、毫无压抑，带着轻松、优雅与美丽，他结束了它。那时你就会看到一个完全不同的开始。

于是从这一切中就会出现一个奇特的要素，那个至高智慧的要素。那种智慧是建立在慈悲和清明之上的，因为有了这种智慧，所以有了伟大的技艺。因此如果你是认真的，那么就去行动、去做，不要去追逐某些含糊不清的理论或理想；而是去结束那些你奉若珍宝的事物——你的野心，不管是灵性上的、身体上的还是生意上的野心——结束它。那时你自己就会看到，一次崭新的绽放发生了。

马德拉斯

一九七八年一月七日

全然关注就是一种其中没有能量损耗的心灵状态。

提问者： 全然关注和思想的关系是什么？两者之间是否存在着一道鸿沟？

克里希那穆提： 这是一个很好的问题，因为它会对我们有所影响。那就是：什么是全然关注？思想和全然关注的关系是什么？是否在全然关注中就有着自由？我们都知道专心是什么，我们大多数人从小开始都被训练着去专心，而那种专心只是意味着收缩我们所有的能量去集中到某个特定的点上，然后盯紧那个点。学校里的一个男孩正看着窗外一只松鼠爬树，这时教育者说了："瞧，你没有集中精神专心于书本。好好听我讲课。"而这就使专心变得远比全然关注更重要了。如果我是那个教育者，我将会帮助那个小孩去全然地观察那只松鼠，观察它尾巴的运动、它的爪子是怎样的等等这一切。如果那时他学会了全神贯注地去观察它，那他就会集中注意力在书本上了，由此就不存在专心的问题了。

全然关注就是一种其中没有专注的心灵状态。没有一个实体、中心或者焦点在说，“我必须关注”。它是一种其中没有能量损耗的状态，然而在专注之中，控制的过程却总是在进行着：我想要专心于书本的某一页内容，但思想却游离开了，于是我又把它拉了回来，这里有着一种持续的战争。然而在全然关注中，事情其实就非常简单了，当某个人说“我爱你”的时候，他是认真的。而你保持着关注，你不会说：“你爱我是因为我长得好看，或者是因为我有钱，或者是为了性、这个或者那个？”所以全然关注是某种和专注完全不同的事物。

有提问者问全然关注和思想的关系是什么。它们没有任何关系，这是显而易见的。而之所以专注和思想会有关系，是因为思想在指挥说：“我必须要学习，我必须要专注以此来控制我自己。”思想给出了从一个点到另一个点的方向，然而在全然关注中是没有思想的容身之所的——我只是关注。

那么全然关注和思想之间是否存在着一道鸿沟呢？一旦你领会了思想的整个运动，你就不会再提这个问题了。了解思想是什么并不是让别人来告诉你它是什么，而是去看清思想是什么，它是如何出现的。

如果彻底失忆，那么就不会有思想了。但我们都没有处于失忆的状态中，我们想去搞清楚思想是什么，它在生活中有什么样的位置。思想是作为一种对记忆的反映而发生的。记忆会对一次挑战、一个问题、一种行动做出反应，或者它会在和某个事物的关系中，和某个理念、某个人的关系中反应。你可以在生活中看到所有这些。因此我们要问：什么是记忆？你踩到了一只昆虫，然后它咬了你，这种痛苦就被记录下来，储存在了大脑中，这就是记忆。而变成了记忆的痛苦并不是真正的痛苦。那个痛苦已经结束了，但记忆却依然存在着，所以下次你就会加倍小心。那种作为痛苦的经验，它们变成了知识，那种知识和经验储存起来成了记忆，然后记忆作为思想去反映。记忆就是思想。而知识——不管它是多么广阔、多么深刻、多么广泛——必定总是局限的，并不存在完整的知识。

所以思想总是局部、受限和分裂的，因为它内在本身就是不完整的，它永远不可能是完整的，它可以去思考整体、思考完全，但思想本身却不是完整的。所以无论它在哲学上、宗教上创造出了什么，都仍旧是局部的、局限的、支离破碎的，因为知识就是无知的一部分。知识永远不可能是完整的，它必然总是与无知携手而行。而如果我们明白了思想的本质以及什么是专注的话，我们就会知道思想是无法去全然关注的，因为全然关注就是付出你所有的能量而没有任何的抑制。如果你现在是全然关注的，会发生什么？这时没有一个“你”在关注，没有一个中心在说“我必须关注”。你在关注着，因为这是你的生活、你的兴趣所在。而如果你没兴趣，那么就另当别论了。可如果你是认真的并且在关注着，那么你就会发现你所有的问题都消失了——至少暂时消失了。

所以解决问题就是去全然关注。这并不是一种伎俩！

你是否会问：为什么我的心喋喋不休，如此焦躁不安？你是否曾经问过自己这个问题，那就是为什么你如此焦躁不安，从一件事转到另一件事，寻求着持续不停的娱乐？为什么你的心会喋喋不休？而你又要对它做点什么呢？你立即的反应就是去控制它，说“我一定不能喋喋不休”。这意味着什么呢？这个控制者本身就是喋喋不休的。存在着一个控制者在说“我一定不能喋喋不休”，然而他自己就是那喋喋不休的一部分。看到这其中的美！那么你要怎么做呢？

我不知道你是否注意到了那就是心灵、大脑的整个结构，它必须被某些东西所占据——被性、各种问题、电视、足球赛、做礼拜所占据。为什么它必须被占据呢？如果它没有被占据的话，你是不是会感到很不确定，害怕自己未被占据？你会感到空虚，不是吗？你会觉得迷茫，你开始意识到自己是什么，意识到你内心那巨大的孤独。所以为了避免那种深深的孤独及其所有的痛苦折磨，心会开始喋喋不休，它会被除了孤独以外的任何事物所占据，然后那个事物就变成了它的占据物。如果我没有被所有那些外在的事物——比如做饭、洗衣、打扫卫生等所占据的话，那么它就会说："我很孤单，我要如何去克服它呢？让我来讨论一下这个问题吧，我是多么悲惨啊！"于是它又回到了喋喋不休中。但为什么心会喋喋不休呢？问问这个问题。为什么你的心在喋喋不休，没有一刻安宁，没有一刻可以完全脱离任何问题？

这种占据是我们教育的结果吗？它是我们生活的社会属性吗？很显然，这些全都是借口。而你要去意识到的是，你的心在喋喋不休；然后去观察它，与它共事，与它共处。如果我的心在喋喋不休，我就会去观察它，我会说："好吧，就是喋喋不休。"但是我在关注着它，这意味着我没有试图让它停止喋喋不休，也没有说“我绝不能去抑制它”，我只是在全然关注那种喋喋不休。如果你这样去做的话，你就会看到将会发生的事情了。那时你的心就会如此明澈，摆脱掉了所有这一切。而这或许才是一个正常健康的人的状态。

欧亥

一九八〇年五月十五日

心灵是超越思想的。

克里希那穆提：那么，问题就是，是否存在某种超越所有这些混乱的事物，它从未被人类的思想、心灵所沾染？

大卫·博姆：是的，这是一个难点，它没有被人类的心灵所沾染，但是，心灵也许是超越思想的。

克里希那穆提：那就是我想要去搞清楚的。

大卫·博姆：那么，你说的心灵只是思想、感受、欲望、意志吗，还是并非仅此而已？

克里希那穆提：没有其他的了。暂时来说，我们所讲的心灵——人类的心灵，指的就是这些东西。

大卫·博姆：这个心灵现在被认为是局限的。

克里希那穆提：只要人类的心灵还是陷在那些东西

里，它就是局限的。

大卫·博姆：是的，但人类的心灵具有潜力。它现在并未意识到这种潜力，现在的它陷入思想、感受、欲望、意志这类东西中。

克里希那穆提：是的。

大卫·博姆：然后我们会说那个超越了这些东西的事物没有被心灵局限的品质所沾染。那么，我们所说的超越局限的心灵又是什么意思呢?

克里希那穆提：首先，先生，存在这样的心灵吗?它可以真正地说——不是从理论上说、浪漫地说等所有这些无稽之谈，而是真正地说——“我已经穿越了这些东西”。

大卫·博姆：你的意思是，穿越了那些局限的事物?

克里希那穆提：是的。穿越它就意味着结束了它。存在这样的心灵吗?或者是因为它认为自己已经结束了它，于是就制造出了存在“另一种事物”的错觉。我不会接受这种想法。作为人类的一员、一个人，或者“某某人”说：“我已经了解了它，我已经看到了所有这些东西的局限性，我经历了它，并且我已经结束了它。”而这个心灵，在结束了它以后，就不再是局限的心灵了。那么存在一种完全没有局限的心灵吗？

大卫·博姆：是的，那么这就引出了一个问题：大脑怎样才能接触到那种心灵？这种不受局限的心灵和大脑之间的关系是什么？

克里希那穆提：我会讲到它的。首先，我想弄清楚这一点——如果我们深入下去的话，这点是相当有趣的。这个心灵，它的全部，心灵的整个本质和结构，包括各种情感、大脑、种种回应和生理上的反应，它们生活在骚动、混乱和孤独中，而它已经了解了，它已经对这一切有了一种深刻的洞见。拥有这种深刻的洞见就清理了那个领域。这个心灵已经不再是那个心灵了。

大卫·博姆：是的，它不再是你一开始所说的最初那个局限的心灵了。

克里希那穆提：是的，不再是那个局限的、被破坏的心灵了。让我们使用“破坏”这个词。

大卫·博姆：这就是你开始说的。被破坏的心灵，同样也包括被破坏的大脑——心灵的运作也破坏了大脑。

克里希那穆提：是的，很对。被破坏的心灵就意味着被破坏的情感、被破坏的大脑。

大卫·博姆：脑细胞自身并没有处于正确的秩序中。

克里希那穆提：非常正确。但是当有了这种洞见，由此而有了秩序，破坏就被消除了。我不知道你是否同意这一点。

大卫·博姆：是的，当然了，你可以通过理性论证而看到这是极有可能的，因为你可以说破坏是由混乱失序的思想和感受所引起的，它们过度刺激了脑细胞，从而破坏了它们。而现在，随着洞见的产生，这个过程停止了，一个崭新的过程开始了。

克里希那穆提：是的，这就像是某人五十年以来一直在朝着某个特定的方向前进，然后他忽然意识到这并不是应有的方向，于是整个大脑就改变了。

大卫·博姆：它从核心处改变了，于是错误的结构就被解除并且治愈了。但你说过，那也许需要花费时间。但是那种洞见，它……

克里希那穆提：它是那个可以改变大脑的因素。

大卫・博姆：是的，那种洞见并不需要花费时间，它意味着那整个过程已经改变了它的源头。

克里希那穆提：对。那个心灵，那个局限的心灵及其所有的意识和它的内容说，那个部分已经结束了。这个一直受限的心灵已经洞察到了局限，由此它就远离了那种局限。如果这是一个事实，那么，这难道不是一件真正具有巨大革命性的事情吗？你跟上我的思路了吗？由此它就不再是“人类心灵”了。请原谅我使用这个词。

大卫・博姆：嗯，我认为我们应该澄清一下我们所说的人类心灵是什么意思。

克里希那穆提：人类的心灵及其局限的意识。

大卫・博姆：是的，那种受到制约、没有自由的局限意识。

克里希那穆提： 它结束了。

大卫·博姆： 是的，所以那个普遍共同的意识，它就是原因所在。我的意思是，它并不只存在于个体中，而是无处不在的。

克里希那穆提： 是的，当然了，我没有在谈论某个个体，那样的话就太蠢了。

大卫·博姆： 是的，但是我想我们曾经讨论过这个，那就是个体是那个普遍共同意识的产物，它是一种特定的产物，而不是一个独立的东西。你看，这就是其中的一个难点所在。

克里希那穆提： 是的，它就是其中的一个易混淆之处。

大卫·博姆： 易混淆之处就在于我们把个体的心灵当成了实在的事实。我们以前曾讨论过，就是我们需要把这种普遍的心灵作为一个事实，从它之中形成了个体的心灵。

克里希那穆提： 是的，这些都是很清楚的。

大卫·博姆：但现在你说，我们甚至脱离了那个普遍的心灵，这是什么意思呢？

克里希那穆提：是的，脱离了普遍的心灵和个体特定的心灵。那么，如果一个人已经彻底脱离了它的话，那时心灵是什么呢？

大卫·博姆：是的，那个人是什么？人类又是什么？

克里希那穆提：那时人类是什么？那个并非人造的心灵和人造心灵之间的关系又是什么？我不知道我有没有把我的意思表达清楚。

大卫·博姆：嗯，我们是否同意把它称为是“宇宙心灵”，还是你并不想这么称呼它？

克里希那穆提：我不喜欢“宇宙心灵”这个词，很多人都用过它了。还是让我们换个更简单的词吧。

大卫·博姆：好吧。那是一个并非人类所造的心灵。

克里希那穆提：我认为这样就简单多了，我们就按这个说法来：一个并非人类所造的心灵。

大卫·博姆：它既不是个体所造的，也不是普遍共有的。

克里希那穆提：从普遍或个体的意义上来看，它都不是人造的。先生，我们能不能真正地、深刻地去观察而没有任何偏见之类的东西，这样的心灵存在吗？你理解我想要说的意思了吗？

大卫·博姆：是的，让我们看看这种对它的观察意味着什么。我认为这里有一些语言上的困难，因为你看，我们说一个人必须去观察，就是这样，然而……

克里希那穆提：我观察它，我在观察。

大卫·博姆：谁在观察它，你看，这就是出现的问题之一。

克里希那穆提：我们已经讨论过所有这些了。在观察中是没有分裂的。不是“我”在观察，存在的只有观察。

大卫·博姆：观察发生了。

克里希那穆提：是的。

大卫·博姆：举个例子，你会说它是发生在某个特定大脑中，还是说某个特定的大脑参与了观察？

克里希那穆提：我知道这里面存在的陷阱。不，先生，它并不是发生在某个特定大脑中的。

大卫·博姆：是的，但某个特定的大脑或许会产生反应。

克里希那穆提：当然，但那并不是特定的大脑。

大卫·博姆：不，我不是这个意思。我所说的“特定大脑”这个词的意思是，给某个人的一些细节，包括他在时间和空间中的位置，或者他任意的模样，但不给他一个名字的话，那么我们可以说，他和另一个或许也在那儿的人是可以区分开来的。

克里希那穆提：你看，先生，让我们把这一点搞清楚。我们生活在一个人造的世界里，有人造的心灵，我们就是人造心灵的产物，包括我们的大脑及其所有的反应等。

大卫·博姆：嗯，大脑本身并不是人造的，但是它已经被制约了，被人造的局限制约了。

克里希那穆提：被人类制约了，是的，这就是我的意思。那么，这个心灵可以如此彻底地解除自己的局限从而使它不再是人造的吗？这就是问题所在——让我们把它保持在这个简单的层面上。那个心灵，那个就像现在这样的人造心灵，它是否可以达到那种程度，去如此彻底地把它自己从自身之中解脱出来？

大卫·博姆：是的。当然了，这是一种多少有点自相矛盾的表述。

克里希那穆提：当然了。自相矛盾，但它是真实的，它就是这样。让我们重新开始。我们可以观察到人类的意识就是它的内容，而它的内容全都是人造的事物——焦虑、恐惧等所有这些。它不仅仅只是特定个体的，而是普遍性的。而在洞察到了这点以后，它就清除掉了自身的这些东西。

大卫·博姆：嗯，这意味着潜在地它总是要比自身的那些东西更高一些，而洞见则让它能够脱离那些东西。

这就是你的意思吗?

克里希那穆提: 对于那种洞见，我不会说它是潜在的。

大卫·博姆: 好吧，这里有一点语言上的困难。如果你说大脑或者心灵洞悉了它自身的局限，那么你就几乎等于是在说它变成其他东西了。

克里希那穆提: 是的，我就是这个意思，我说的就是这个。那种洞见就转变了人造的心灵。

大卫·博姆: 对。于是它就不再是人造的心灵了。

克里希那穆提: 它不再是人造的心灵了。那种洞见意味着扫除掉意识所有的内容。对吗?不是一点一点地扫除，而是扫除它的全部。而那种洞见并不是人类努力的结果。

大卫·博姆: 是的，但是这时似乎就出现了一个问题：它是从哪里来的?

克里希那穆提: 好吧。它是从哪里来的?是的，它就在大脑自身之中，在心灵自身之中。

大卫·博姆：哪一个——大脑还是心灵？

克里希那穆提：心灵，我在说的是心灵的整体。等一等，先生，让我们慢慢来吧——这是相当有趣的，让我们慢慢来。那种意识——普遍的和特定的意识——都是人造的。而我们可以在逻辑上、理智上看到它的局限，然后那个心灵就能走得更远了。接着它会达到一个点，它说："所有这些可以在呼吸之间、弹指之间、瞬息运动之间就被扫除吗？"那种运动就是洞见，就是洞见的运动。它仍是在心灵中的，但它并不是来自那种意识的。我不知道有没有表达清楚。

大卫·博姆：是的。然后你说心灵具有一种超越那种意识的可能性和潜力。

克里希那穆提：是的。

大卫·博姆：但对于这件事，我们实际上并没有实现多少。

克里希那穆提：当然。它必须成为大脑的一部分、心灵的一部分。

大卫·博姆：大脑、心灵可以这样去做，但它通常都没有把它做完。

克里希那穆提：是的。现在，在做了所有这些以后，是否有一个并非人造的心灵，一个人类所无法想象、无法创造也并非觉察到的心灵？是否存在这样一个心灵？我不知道有没有表达清楚。

大卫·博姆：嗯，我认为你说的是，在把它自己解脱出来以后，心灵就已经……

克里希那穆提：已经脱离了普遍的和特定的……

大卫·博姆：让自己摆脱了普遍的和特定的人类意识结构，摆脱了它的局限，现在这个心灵变得更加非凡了。而现在你说，这个心灵提出了一个问题。这个问题是什么？

克里希那穆提：也就是，首先，那个心灵是否脱离了人造的心灵？这是第一个问题。

大卫·博姆：它或许只是一种错觉。

克里希那穆提： 错觉——这就是我想去搞清楚的，我们必须非常清楚。不，它并不是一种错觉，因为他已经看到了度量是一种错觉，他知晓了错觉的本质，明白了有欲望存在的地方就必定会有错觉。而错觉必然会制造局限等。他不仅了解了它，而且还超越了它。

大卫·博姆： 他摆脱了欲望。

克里希那穆提： 摆脱了欲望。这就是实质。我不想把它说得这么残忍，说它摆脱了欲望。

大卫·博姆： 但是它充满了能量。

克里希那穆提： 是的，所以这个心灵，它不再是普遍的和特定的，由此就不再局限，由此洞见，它的局限已经被打破了，它不再是那个局限的心灵。那么，在觉察到了它已经不再陷入错觉中后，那种心灵是什么呢？

大卫·博姆： 是的，但是你之前说，它提出了一个关于是否存在着某种更非凡的事物的问题。

克里希那穆提： 是的，这就是我要问这个问题的原因。

大卫·博姆：不管它可能是什么。

克里希那穆提：是的。是否存在一个并非人造的心灵呢？如果存在，它和那个人造心灵的关系又是什么？这非常难以表达。你会发现任何一种形式的断言、任何一种形式的语言表述都并非那个东西。对吗？所以我们在问是否存在一个并非人造的心灵。而我认为只有当另一个，当那些束缚结束以后，我们才能够问这个问题，否则它就只是一个愚蠢的问题。

大卫·博姆：它将是同样的……

克里希那穆提：只是浪费时间。我的意思是，它会变得理论化，变得毫无意义。

大卫·博姆：成为那种人造结构的一部分。我认为“完全”这个词可以用在这里——如果我们非常小心的话。

克里希那穆提：非常小心，是的。完全摆脱所有这些。只有那时你才能问这个问题：是否存在一个并非人造的心灵？如果存在着这样一种心灵，它和人造的心灵是什么关系？首先，是否存在这样一种心灵。毫无疑问，它存在。它当然存在，先生，这么说不是武断或者固执起见等诸如此类，它的确存在。但它并不是神明。

大卫·博姆：神明也是人造结构的一部分。

克里希那穆提：所以这样的心灵是存在的。那么，接下来的问题是：如果存在这样一个心灵，并且某人说它的确存在，那么它和那个人造心灵是什么关系呢？

大卫·博姆：是的，和那种普遍的心灵的关系。

克里希那穆提：和特定的心灵与普遍的心灵之间有任何关系吗？

大卫·博姆：呃，这个问题有点难，因为你可以说那种人造的心灵被错觉所阻碍，它的大部分内容都不真实。

克里希那穆提：那些内容并不真实，但这个却是真实的。我们使用“真实”这个词，它的意思就是“实际”。那个东西是可度量的、困惑的——那么这个东西和那个东西有没有任何关系呢？显然没有。

大卫·博姆： 哦，我会说有一种肤浅的关系，也就是说，人造心灵在某个层面上，在技术层面上，也有一些真实的内容，比如说电视系统等。

克里希那穆提： 好吧！

大卫·博姆： 所以从这个意义上来讲，在那个领域中是可以有一种关系的，但是就如你之前说的，那只是一块非常小的区域。而从根本上来说……

克里希那穆提： 人造的心灵和“那个东西”没有关系，但“那个东西”却和这个人造心灵有某种关系。

大卫·博姆： 是的，但并不是和人造心灵中的那些错觉有关系。

克里希那穆提： 等等，让我们理理清楚。我的心灵是人造的心灵，它有很多错觉、欲望等这些东西。然后还有着另一种心灵，它没有局限，超越了所有那些束缚。而这个充满错觉的心灵，这个人造的心灵，它一直在寻找着那种心灵。

大卫·博姆：是的，这就是它最大的困难。

克里希那穆提：这就是它最大的困难。它在度量它，它在前进，靠近一点，远离一点，等等。而这个心灵——人造的心灵，它总是在寻找着它，因此制造出了越来越多的不幸和困惑。而这个人造的心灵和那种心灵并没有关系。

大卫·博姆：是的，因为任何企图得到它的努力都是错觉产生的根源。

克里希那穆提：当然了，当然了，这很明显。那么，“这个心灵”和“那种心灵”有任何关系吗？

大卫·博姆：嗯，我的意思是，“那种心灵”必然会和它有某种关系，而如果我们拿存在于心灵中的种种错觉，比如欲望和恐惧等来看，它和“那种心灵”是没有关系的，因为它们不管怎样都是虚构臆造的事物。

克里希那穆提：是的，我明白。

大卫·博姆：但在对它实际结构的了解过程中，“那种心灵”就可以和人造心灵产生关系。

克里希那穆提：先生，你是不是在说当人类的心灵脱离那些局限的时候，“那种心灵”就会和它产生关系了？

大卫·博姆：是的，而在了解那些局限的过程中，它就脱离了那些局限。

克里希那穆提：是的，它离开了。于是“那种心灵”就和它有了一种关系。

大卫·博姆：那时“那种心灵”就和这个局限心灵的实际现状有了一种真正的关系，但不是和它自认为如何的那种错觉有关系。

克里希那穆提：这一点我们得弄清楚。

大卫·博姆：嗯，我们必须用对词——那个没有局限的、正确的、并非人造的心灵，它是不可能和存在于人造心灵中的那些错觉有关系的。

克里希那穆提：没有关系，我赞同。

大卫·博姆：但是它必须联系到那个源头，也可以这么说，联系到隐藏在错觉背后的人造心灵的真正本质。

克里希那穆提：那就是，人造的心灵是建立在什么之上的？

大卫·博姆：哦，它建立在我们说过的所有那些东西之上。

克里希那穆提：是的，这就是它的本质。因此“那种心灵”又怎么可能和“这个心灵”有某种关系呢——哪怕从根本上来说？

大卫·博姆：唯一的关系存在于对“这个心灵”的了解之中，由此某种交流就成为可能了，这种交流也许会终止，也许可以把它传达给另一个人……

克里希那穆提：不，我质疑这一点。

大卫·博姆：因为你以前说过，那个并非人造的心灵也许会和局限的心灵产生关系，但不是反过来。

克里希那穆提：但即使这一点我也在怀疑。

大卫·博姆：它或许是这样，或许不是。这就是你通过质疑它所表达的意思吗？

克里希那穆提：是的，我在质疑它。

大卫·博姆：很好。

克里希那穆提：那么爱和嫉妒的关系是什么呢？它们没有任何关系。

大卫·博姆：爱和嫉妒本身——嫉妒就是一种错觉——并没有关系，但是它和那个嫉妒的人或许是有关系的。

克里希那穆提：不，我只是在说爱和仇恨——只是这两个词，爱和恨，它们互相之间是没有关系的。

大卫·博姆：没有，实际上没有关系。我认为爱也许了解仇恨的源头，你明白的。从这个意义上来讲，我会认为存在着一种关系。

克里希那穆提：我知道，我明白。你在说的是，爱可以了解仇恨的源头，仇恨是如何出现的，等等这些。

爱了解这些吗?

大卫·博姆: 是的，我认为从某种意义上来说，它能了解存在于那个人造心灵中的仇恨的源头，“那种心灵”已经看清了人造的心灵及其所有的结构，然后它脱离了……

克里希那穆提: 先生，我们是不是在说，爱——我们暂时用下这个词——和非爱有着一种关系?

大卫·博姆: 只是从爱可以消除非爱的意义上来讲。

克里希那穆提: 我不确定，我不确定，在这里我们必须十分小心。还是说那是它自身的结束……

大卫·博姆: “它”指的是什么?

克里希那穆提: 仇恨的结束，然后另一个东西就存在了，而不是另一个东西与了解仇恨产生了一种关系。

大卫·博姆: 是的，好吧，你看，那么我们就必须问一下它是如何开始的。

克里希那穆提： 这很简单。

大卫·博姆： 不，我的意思是，假设我们说，我们已经有了仇恨。

克里希那穆提： 我有仇恨。假设我有了仇恨，我可以看到它的源头。因为你侮辱了我。

大卫·博姆： 好吧，这是一种对于源头的表面理解。我的意思是，为什么我们会如此不理智地行动，那才是更深的源头。你看，这并不真实——如果你仅仅说是因为你侮辱了我，那我可以说：为什么你要对这种侮辱有所反应呢？

克里希那穆提： 因为我全部的局限就是那样的。

大卫·博姆： 是的，这就是我的意思，我说通过你对它源头的了解……

克里希那穆提： 这个我理解，但是爱能帮助我去了解仇恨的源头吗？

大卫·博姆： 不能，但是我认为某个处于仇恨中的人，他了解了仇恨的源头，然后就脱离了它……

克里希那穆提：那时“另一个东西”就存在了。但“另一个东西”并不能帮助它脱离。

大卫·博姆：是的，但问题在于，假设某个人——如果你想这么说的话——有了这种爱，而另一个人却没有，那么第一个人能够去交流某种可以在第二个人内心开启这种运动的事物吗？

克里希那穆提：那意味着甲可以影响乙？

大卫·博姆：不是影响，我的意思是我们可以提出这样的问题。举个例子，为什么某人应该去谈论任何这类东西呢？

克里希那穆提：不，先生，这又是另一回事了。问题是：仇恨可以用爱来驱散吗？

大卫·博姆：不能，不是这样的，不能。

克里希那穆提：还是说伴随着对仇恨的了解和仇恨的结束，“另一个东西”就会存在？

大卫·博姆：对，但是现在，如果我们说此刻甲的内心有了爱，对吧，那么甲就已经达到了“那另一个东西”。

克里希那穆提：是的。

大卫·博姆：甲有了爱，然后他看到乙，他会怎么做呢?

克里希那穆提：我认为——稍等，先生。我有仇恨，而另一个人有爱。我的妻子有爱，我有恨。她可以和我谈话，她可以向我指出它，指出仇恨的不理性之处等，但是她的爱不会改变我仇恨的源头。

大卫·博姆：这是很明显的，是的，除非她的爱是一种隐藏在谈话背后的能量。

克里希那穆提：隐藏在谈话背后，是的。

大卫·博姆：爱本身并不是某种进入了那里然后消融掉仇恨的东西。

克里希那穆提：当然不是，这是一种浪漫化的说法。所以那个仇恨的人，他洞察到了仇恨的源头，它的原因，它的运动，然后结束了它，于是有了“另一个东西”。

大卫·博姆：是的，我认为我们说甲就是那个看清了所有这些的人，而现在他有了可以把它传达给乙的能量——但将会发生什么则是取决于乙的。

克里希那穆提：当然了。我想我们最好继续来探讨它。

和大卫·博姆教授的讨论，布洛克伍德公园

一九八〇年九月十四日

第四章 至高的智慧无处不在

所有危机都存在于思想的本质中，思想制造出了这些外在和内在的困惑。

危机并不存在于政治和政府中，危机也并不存在于科学家和那些已经建立起来的数量可观的宗教之中。危机存在于我们的意识中，也就意味着存在于我们的心智、心灵、行为和关系中。那种危机无法被充分了解，或许也无法被完全面对——除非我们了解了那种由思想所拼凑起来的意识的本质和结构。

所以我们是在学习或者观察着我们自己的心灵状态，这才是真正的教育和自我教育的起点。我们已经从别人那里学习了如此多有关自己的内容，我们总是指望别人来指引我们，不仅是外在，特别是在心理的领域。如果我们有了任何困难、任何烦扰，我们就会立即去追随某个可以帮助我们清除掉困难烦扰的人。我们沉溺于制度和组织，希望它们可以解决我们的问题，帮助我们理清自己的思绪。所以我们总是在依赖别人，而这种依赖不可避免地会带来腐败。所以在这里我们不要依赖任何人，包括讲话者。特别是不要依赖讲话者，因为讲话者没有任何意图想说服你们沿着特定的方向去思考，而用那些奇异花哨的词语和理论来刺激你们。相反，他想要你去观察这个世界上正在真实发生的事情，以及你内在所有的困惑，并且在这样的观察中，不要把你所观察到的东西抽象成一个概念。请注意，让我们完全清楚这一点。当我们观察一棵树的时候，“树”这个词就是一种抽象化，这个词并不是那棵树。我希望这点已经清楚了。词语、解释和描述并不是那个实际事物，它并不是“事实”。所以我们必须从一开始就清楚这些。当我们观察这个世界上以及我们自己意识深处真正在发生的事情时，如果我们没有把观察到的事物抽象成一个概念，那么那种观察就可以一直保持纯粹、直接和清晰。我们大多数人都是带着种种概念在生活的——而这些概念并非真实之物——然后概念就会变得无比重要，而不是真实的东西。哲学家们使用着各种不同意义的概念，但我们并不是在处理概念。我们关心的只是观察正在发生的事情——真实发生的事情，不是理论上的，不是根据某种特定的思维模式，而是“真实现状”。在那种对“真实现状”的观察，让它变得清楚。把“真实现状”抽象成一个概念只会带来更深的困惑。

就如我们所说，危机存在于我们的意识中，而那种意识就是全人类的共同的基础。它并不是一种特定个体的意识，它并不是你的意识，而是人的意识、人类的意识，因为无论你去哪里——远东、中东还是西方，甚至整个世界，你都会发现有些人在受苦，他们痛苦不堪，生活在深深的不确定性中，孤独，彻底绝望，深陷于各类空想的、没有任何实际意义的宗教观念中。所以这些东西对全人类来说都是一样的。请真的去清楚地看到这点。它并不是你的意识，而是全人类的意识，全人类经历了如此的剧痛、不幸、冲突，于是他们想让自己认同于某些事物，认同于国家，认同于某个宗教人物或者某个概念。

请领会其中的含义。了解它非常重要，因为我们已经把自己分离成了无数个体，但实际上我们并不是分离的个体。我们是百万年以来的产物，在这百万年中，我们一直被鼓励着去接受个体的概念——它只是个概念。但是当你密切地观察时，你会发现你并不是一个个体，就心理上而言，你和其他所有人类是一样的。这件事很难理解，因为我们大多数人都执着于这样的概念——只是个概念——那就是我们都是分离的个体，有各自的野心、贪婪、妒忌、痛苦、孤独。当你观察一下，你会发现每个人都是这样。这种个体的概念让我们变得更加自私、以自我为中心、神经质和富有竞争性——竞争同样也在摧毁人类。如果你真正理解了这一点，这将是一种不可思议的感受。它里面有着强大的活力、洞察和巨大的美。那不仅仅是一幅绘画、一首诗歌或一张可爱脸庞的美，而是我们就是这个世界，这个世界就是你和我。

在世界的这个地方，自由被滥用了，就像在世界上的其他地方一样，因为每个人都想要成就，想要成为某人，想要变成什么。由此我们意识的内容就是一场持续不断的斗争：去成为某人，去变成什么，去成功，去拥有权力、地位和身份。而只有在你有了金钱、才华或某个特定方向上的能力时，你才能拥有这些。所以能力和才华鼓励了个体性。但是如果你观察一下，你会发现那种个体性是由思想捏造出来的。

所以当你观察所有这些，你会看到危机就存在于思想的本质中。外在的世界和内在的世界都是由思想拼凑起来的。思想就是一个物质的过程。思想已经建造了原子弹、航天飞机、电脑、机器人以及所有的战争工具。思想也建造了精美绝伦的大教堂、小教堂以及它们里面的一切事物。但思想的运动中是没有任何神圣之物的。思想所创造的那个你所崇拜的符号，它并不神圣，它是由思想放在那里的。那些宗教仪式，所有宗教和国家的划分，它们都是思想的结果。请你非常密切地去观察这一点。我们没有在说服、谴责或者鼓励，我们只是在观察。这是一个事实。

所以危机就存在于思想的本质中。就如我们说过的，思想就是各种感觉、感官反应、经验等这些源头事物的产物，遇到某个事物，然后把它作为知识和记忆记录下来，从那种记忆中就产生了思想。这就是思想无数年以来的过程和本质。所有的文明——从古埃及开始以及古埃及之前——都是建立在思想上的。思想制造出了这些外在和内在的困惑。请你自己去观察一下，我并没有在教导你，我并没有在解释，讲话者只是把这些用语言表达出来，以此来和你交流他所观察到的东西。我们在一起观察思想的本质和结构，也就是那种感官反应。当你遭遇了某种经验，那种经验就被作为知识记录了下来，然后那种知识会变成记忆，而那种记忆则充当了思想。因此你从那种行动中学到和积累了更多的知识。所以人类已经在这个过程中生活了上百万年——经验、知识、记忆、思想、行动，活在这种循环链中。我不知道是否我们都非常清楚地看到了这点。

所以我们的危机存在于思想的本质之中。你会说：“我们要如何才能没有知识、没有思想地行动呢？”这并不是重点。首先，要去非常清楚地观察思想的本质，没有任何偏见，没有任何方向，只是如实去看它。我们的大脑生活在这种经验、知识、行动、记忆和更多知识的循环之中，它有着各种问题，因为知识总是有限的。所以我们的大脑被训练着去解决各种问题。它是一个“解决问题”的大脑，却永远无法摆脱那些问题。我希望你能看到这两者之间的区别。我们的大脑已经被训练着去解决各种问题，既包括科学的领域，也包括心理的领域、关系的领域。问题出现了，然后我们努力去解决它们。但我们总是在知识的领域里去寻求解决的方案。

就如我们之前说的，知识常常是不完整的。这是一个事实。这一点相当重要，它需要我们带着敏感的觉知去观察——那就是无论在任何环境条件下，知识永远都不是完整的。

让我们来看看另一件事，那就是，什么是美？这个世界的美如此之少。除了大自然，除了那些群山、树林、河流、鸟儿和地球上的万物，为什么我们生活中的美会这么少？我们参观博物馆，欣赏那些绘画、雕塑，欣赏诗歌、文学、宏伟壮丽的建筑等人类所创造的种种非凡之物，但是当我们观察自己的内心时，却发现美是如此之少。我们想要美丽的脸蛋，于是我们涂抹化妆，但是内在——我们同样是在观察，而不是在否定或接受——却很少有美、宁静、庄严的感觉。为什么？为什么人类会变成这样？为什么在其他所有方面都如此聪明、博学，能够登上月球，然后在那里插上一面旗，以及创造出复杂精妙机器的人类，为什么我们人类会变成现在这个样子——低俗、喧闹、平庸，因为一点小事业就自命不凡，因为一点渺小的知识就自以为是？为什么？人类到底是怎么了？你到底是怎么了？

我认为这就是危机。而我们在回避它，我们并不想清楚地观察自己。自我教育就是智慧的开端——不在那些书本中，不在别人身上，而是在了解我们自己的自私、狭隘以及日复一日不断发生着的扭曲的活动中。危机存在于我们的心中，存在于我们的大脑中。因为知识总是局限的，并且我们总是在这个领域内行动，于是我们就有了永无休止的冲突。这点必须要清楚地加以了解。我们试图去解决那些问题——政治上的、宗教上的、个人关系上的等等——然而这些问题却从未被解决。你试着去解决一个问题，但解决这个问题本身却带来了其他问题，这种事情正发生在政治界中。于是你转向信念，转向信仰。我不知道你是否观察过，那就是信仰使大脑萎缩。去看一看，观察一下。那种不断地声称“我信仰这个”“我信仰那个”，不断地重复这些，也就是在各个教堂、大教堂、寺庙、清真寺里发生的事情，这让大脑逐渐萎缩，而不是滋养了它。当某人依赖于某个信仰、某个人物或者某个理念时，在那种依赖中就有着冲突、恐惧、嫉妒、焦虑，而这就是大脑萎缩的一部分——这种持续不断的重复。我是美国人，我是英国人、印度人，所有这些国家主义都是荒谬愚蠢的。如果你观察一下的话，会发现这种重复使大脑失去了养分因而变得越来越迟钝，在那些无止境地重复着只存在一个救世主，只存在于这个或者那个的人身上，你必然会看到这种现象。

如果你审视一下自己，你就会看到这种对信仰的依赖是渴望变得安全的一部分。而那种想要任何形式的心理安全感的渴望和需求就带来了这种大脑的萎缩，从中就产生了各种神经质的行为。但我们大多数人宁愿否认这一点，因为观察它实在太令人害怕了。而这就是平庸的本质。当你去找某个古鲁、牧师或者去教堂，然后不断重复、重复再重复时，你的冥想就是一种重复的形式——在它之中有着安全感，一种安稳的感觉——因此你的大脑就逐渐萎缩、干瘪了，它变得狭小。请你自己去看一下。我并不是在教导你，你可以在你自己的生活中观察它。然而这种对危机的观察——危机存在于我们的头脑和心灵中，存在于我们的意识中——总是会带来冲突，因为我们从未能够完全地解决任何一个问题却不引入其他问题。所以，看看我们身上发生了什么：连续不断的问题，连续不断的危机，连续不断的不确定。

所以大脑、心灵有可能脱离那些问题吗？请问问这个问题。这是一个我们必须要问问自己的最根本的问题。然而，大脑被如此训练着去解决各种问题，以至于它无法明白脱离问题意味着什么。当它自由时，它才能够去解决那些问题，而不是反过来……

如果这点已经很清楚了，那么我们就要开始询问：是否存在着另一种工具，可以让大脑面对真正的问题呢？你看到这其中的区别了吗？只有自由的心灵、自由的大脑才不会有问题，才可以面对问题并且立即解决它们。但是那个被训练着去解决问题的大脑，这样的大脑将总是处于冲突中。然后问题就来了：就如我们说过的，当思想就是那个制造出我们的问题的工具时，它又怎么可能摆脱冲突呢？

从另一个方向去非常密切地看一下。在男人和女人的关系中，或者男人和男人的关系中——比如同性恋——

我们都有着诸多问题，不管是在这个国家还是在任何地方。非常密切地去看它、观察它，不试图改变它、指挥它，也不去说它必须不能这样，它必须要那样，或者请帮助我克服它吧，而只是去观察。你无法改变那座山的轮廓、改变一只鸟儿的飞翔，或者改变一条河流的湍急流动，你只是观察它，然后看到它的美。但如果你观察了然后说“它并没有像我昨天看到的山脉那么美”，那你就没有在观察了，你只是在比较。

所以让我们非常密切地观察这个关系的问题。关系就是生活。一个人是不可能脱离关系而存在的。你也许会拒绝关系，你也许会从关系中退出，因为它令人害怕，因为在它之中有着冲突和伤害。所以在关系中，我们大多数人都在自己周围建立了一道围墙。然而让我们非常密切地去审视、去观察——但不是去学习，没有什么要去学习的——只是观察。你看到它的美了吗？因为我们总是想去学习，然后把学到的东西归类到知识中，那时我们就会感到安全。然而如果你可以观察而没有任何方向，没有任何动机，没有任何思想的干涉，只是去观察，不只是用肉眼在视觉上观察，同样也带着一个可以毫无偏见地自由观察的头脑、心灵和大脑去观察，那时你就可以亲自发现关系的美。但是我们并没有那种美。所以让我们密切地去观察它吧。

什么是关系？关系就是相互关联，不是血缘上的关联,而是和他人关联。我们曾经和他人有过关联吗？……从心理上、从内在、从内心深处，我们是否曾经与任何人有过关联？或者说我们想要有深刻的关联，但我们不知道它要如何产生。所以，在我们和他人的关系中充满了泪水，以及偶然的喜悦、偶尔的快乐和重复的性快感。

所以请你观察一下：我们究竟有没有与任何人有过关联？还是说你是通过思想、通过思想所建立的形象——你丈夫或妻子的形象，你所拥有的关于她或他的形象——与他人产生关联的？所以我们的关系是发生在你所拥有的关于她的形象和她所拥有的关于你的形象两者之间的。每个人都携带着这个形象，每个人都在他自己的方向上前进着——野心、贪婪、妒忌、竞争，寻求权力、地位。你知道关系中所发生的那些事情，每个人都在朝着相反的方向行进，或者也许是在两个平行的方向上行进，却永远没有交汇。因为这就是现代文明，这就是你们给这个世界带来的东西。所以我们有着持续不断的斗争、冲突、离婚、更换所谓的伴侣。你知道这些正在发生的事。

当你观察所有这些事情，会发现它是非常骇人的，而这被称为“自由”。然而，当你观察事实的时候——如果你非常密切地观察那个事实而没有任何动机，没有任何方向，那么那个事实就会开始改变，因为你正全神贯注地在观察。你理解这些了吗？当你全神贯注于某物时，你就照亮了那个对象。然后那种光芒就可以澄清一切，于是那种澄清就消融了那个事物。你明白这点了吗？我们是否彼此理解了？事实就是存在着一个思想历经五天、二十天、三十天或者十年所创造出来的形象。而另一个人也有一个形象，双方都是野心勃勃的、贪婪的，想获得性满足，想要这样，想要那样；你知道的，就是所有那些在所谓关系中持续着的混乱。去观察它，单纯地观察它。只有当你想逃避它时，所有那些神经质的事情才会开始，然后你就需要所有那些心理学家来帮助你变得更加神经质。面对这个问题，去观察它，全神贯注于它。当你真的用你的心灵、大脑、神经和你所拥有的一切去如此地全神贯注，付出你所有的能量去观察时，那么在那种全然关注的观察中就会有澄清。而那个清楚的东西就不会有问题。那时关系就会变成某种截然不同的事物了。

所以对我们大多数人来说，生活正变成一个巨大的问题，因为生活就是关系。如果我们没有那种关联——我们的确没有——从中就产生了所有的问题。我们已经创造了一个社会，它是从关系的缺失中诞生出来的。然而根本的问题是要与别人有正确的关系。如果你和一个人有了正确的关系，那么你就和每一个人、和自然、和地球所有的美都有了正确的关系。

所以我们必须非常深刻地探寻为什么思想在我们的生活中制造出了这种巨大的混乱，因为正是思想拼凑出了关于我妻子和我自己的形象，或者我和他人的形象。你是无法逃离它的，除非你能解决它和观察它——去教堂，去祈祷，这些都太幼稚了，都是极其不成熟的，因为它并没有解决任何问题。要走得远，你就必须从最近的地方开始。从最近的地方开始就是去观察我们和他人的关系，不管对方是谁——你的老板、你的木工、你的领班、你的丈夫——因为生活就是一种关系中的运动。我们已经通过思想破坏了那种关系。然而思想并不是爱。爱不是快感，也不是欲望。但我们却让每一样东西都沦为快感和欲望。

欧亥

一九八一年五月三日

思想就是记忆的反应，记忆通过知识被存储起来，而知识则是通过经验被收集起来的。

我们首先必须去探询的，不只是什么是宗教，也包括什么是思想、什么是思考。因为我们所有的活动、想象或其他宗教书籍中所写下的所有内容，都是思想制造出来的。建筑学，世界上尖端的技术，所有的寺庙——不管是印度教的寺庙，还是清真寺或教堂——以及它们里面所包含的东西，它们都是思想的结果。所有的仪式、印度教的礼拜、崇拜，都是思想发明出来的。没人可以否定这点。我们所有的关系都是建立在思想上的，我们所有的政治架构也是建立在思想上的，经济的结构、国家的划分，它们都是思想的产物。你看，我们总是在探询外在的事物，却从未问过自己：什么是思考？思考的根源是什么？思考造成的后果是什么？不是你所思考的东西，是那种思考的运动，而不是思考的结果——思考的结果和探询思考本身是不一样的。这点我们达成共识了吗？

思考对全人类来说是共同的。思想并不是我的思想，存在的只有思想，没有什么东方人或西方人的思想，不分东方还是西方，存在的只有思考。

现在我们要来解释一下什么是思考，但解释并不代表真正觉察到了思想是如何在你内心出现的。讲话者可以去探究它、描述它，但那种解释并不是你自己对于思考源头的了解。口头的描述并非你自己真实的发现，而是通过那种解释和语言交流，你自己发现它，这远远要比讲话者的解释更重要。

在过去的六十年里，讲话者在全世界进行了大量的演讲。所以他们发明出了一个专用名词，叫“他的教诲”。（笑声）等一下。教诲并不是某种书本上的东西，这些教诲说的是“观察你自己，深入你的内心，探究那里的事物，了解它，超越它”等。这些教诲只是一种指向性和解释的手段，但你必须了解的不是这些教诲，而是你自己。这点清楚了吗？所以请不要努力去搞明白讲话者在说的东西，而是要明白他所说的东西只是作为一面镜子，而你是在这面镜子中观察你自己。当你非常认真、仔细地观察自己时，镜子就不重要了，你可以把它扔掉。而这就是我们在做的事情。

什么是思考？你们所有人的生计都要依靠思考；在你们的关系中，在你们追求某个超越思想的事物的过程中都要依靠它。了解思想的本质非常重要。讲话者已经和很多深入研究了大脑问题的西方科学家讨论过了这件事。我们只运用了整个大脑非常小的一部分。如果你深入探究的话，你就会在自己身上发现这一点，这就是冥想的一部分——自己去发现大脑是整个在运作，还是只有非常小的一部分在运作。这是其中的一个问题。思想就是记忆的反应，记忆通过知识被存储了起来，而知识则是通过经验被收集起来的。也就是，经验、知识、记忆储存在了大脑中，然后是思想，接着是行动；从那种行动中你学到了更多的东西——也就是说，你积累了更多的经验、更多的知识，由此就在大脑中储存了更多的记忆；然后你去行动，并且从行动中又学到了更多东西。所以这整个的过程就是建立在这种运动上的：经验、知识、记忆、思想、行动。

这就是我们生活的模式，它就是思想。对此没有什么可争议的。我们通过自身的经验或他人的经验而收集起了大量的信息，我们把这些知识储存在大脑中，从中产生出了思想，然后行动。在过去的数百万年里，人类都是这样做的，深陷于这个循环，也就是思想的运动中。在这个范围里我们可以选择，我们可以从一个角落跑到另一个角落，然后说，“这是我们的选择，这是我们自由的运动”，然而它总是落入知识这个有限的范围里。因此我们总是运作在知识的领域内，而知识总是伴随着无知，因为对于任何事物来说，都不存在完整的知识。所以我们永远处于这种矛盾的状态中：知识和无知。思想是不完整的、支离破碎的，因为知识永远无法是完整的，所以思想是有限的、被制约的。思想为我们制造出了成千上万个问题。

知识在某些特定的方向上是必需的，但知识也是我们内在拥有的最危险的事物。你明白这点吗？我们现在正在积累大量的知识——关于宇宙的知识，关于每一样事物本质的知识，既包括科学上的，也包括考古学上的，我们在不断收集着无止境的知识。也就是说，电脑可以在思考上胜过人类，它可以比人类学习得更快，可以纠正它自己，它可以学习和国际象棋大师下棋，然后在四五个回合以后打败他们。而如今人们也正在致力于研究具有终极智慧的机器。

电脑可以比任何人拥有更加庞杂的知识。一块指甲大的地方就可以容纳整套《大英百科全书》的全部内容。你明白吗？那么人又是什么呢？人类迄今为止一直依赖大脑的活动而生活，保持着大脑的活跃，因为他在奋力求生，熟练地积累知识以变得安全，拥有保障。而现在机器正在接管所有这一切，那么你是什么呢？机器、电脑在用机械手制造着汽车。电脑告诉机械手该怎么做，如果机械手犯了错误，电脑就会及时纠正它，然后机械手继续运行。所以人又会怎样呢？如果机器可以接管现在思想所有的运作，并且可以执行得更加迅速，学得更快更完整——能够做每一件人类可以做的事，那么人类的未来又会怎样？毫无疑问，机器无法观赏夜空的繁星，看到它的美丽，那种非凡的宁静、安详与广袤。电脑是无法感受所有这些的，但它也许可以，人们正在拼命地为之努力。

所以我们的心灵、我们的大脑将会发生什么？我们的大脑是依靠通过知识奋力求生而活到现在的。而当机器接管了所有这些以后，它会怎样？只有两种可能性：要么人类把自己完全地交给外在的娱乐——体育运动或者宗教娱乐，去参拜寺庙，你知道的，玩弄所有那些东西；要么他会转向内在，因为大脑具有无限的能力，它真的是无限的。这种能力现在在技术上得以发挥，而机器将接管这种能力。那种能力曾被用来收集信息和知识——不管是科学上的、政治上的、社会上的还是宗教上的，然后突然间大脑的能力被机器代替了，而这会使大脑萎缩退化。如果我一直不使用我的大脑，它就会萎缩退化。所以如果大脑不活动、不工作、不思考——这些事情机器远远可以做得比大脑更好——那么人类的大脑会发生什么？要么去娱乐，要么去探询它自己——这个无限的事物。

我们曾说过思想是记忆的表达或反映，记忆就是知识——也就是经验——的结果，而人类陷入了这个循环之中。在这个区域里，思想可以发明出神明，它可以发明任何东西。然而机器已经接管了这一切。所以要么我去探询我自己——这种探询是一种无限的运动，要么我会投身于娱乐活动。绝大多数的宗教都是娱乐，所有那些仪式、那些印度教的礼拜，都只是一种娱乐形式。所以我们必须去问：什么是宗教？也就是说，我们必须去问一下我们能不能把自己的房间——我们的房间，我们内在的房间整理有序，它的结构、挣扎、痛苦、焦虑、孤独、好斗、苦难、伤痛，所有这些都是我们内在所具有的如此巨大的失序。从那些困惑和失序中，我们试图带来外在的秩序，政治上、经济上、社会上的所有这些秩序，然而在内在方面我们却还是没有秩序。所以没有这里的秩序，去期望外在的秩序是不可能的。请看到它的逻辑性。在这个国家里，退化是如此快速——存在着无政府状态、彻底的混乱、腐败、贿赂，从头到脚人类所能要的每一种肮脏卑鄙的手段，我们建造的房间已经处于彻底的失序中——而我们却还是一直在要求着外在的秩序，我们对政客们说“请建立起秩序吧”。我们从来不说秩序必须首先出现在这里——在我们的房间里。然而，只有那时你才能拥有外在的秩序。

拉杰哈特

一九八一年十一月二十五日

只有当大脑安静下来，心灵和大脑之间的联系才会存在。心灵才能够作用于大脑。

克里希那穆提：我们首先是不是应该来区分一下大脑和心灵？

大卫·博姆：嗯，这种区分已经被建立起来了，但它并不明显。毫无疑问，对于这个问题，有好几种观点。其中一种认为心灵只是大脑的一种功能——这是物质主义者的观点。另一种观点则认为心灵和大脑是两种不同的东西。

克里希那穆提：是的，我认为它们是两种不同的东西。

大卫·博姆：但是必然会有……

克里希那穆提：……两者之间的一种联系，两者之间的一种关系。

大卫·博姆：是的，我们不需要去暗指这两者间的任何分别。

克里希那穆提：是的。首先让我们来看一下大脑。我其实并不是一个大脑结构和所有这类东西的专家，但是我们可以看看自己的内心，我们可以从我们自身大脑的活动开始观察，它其实就像是一台被程式化，然后再记忆的电脑。

大卫·博姆：毫无疑问，大脑的绝大部分活动都是这样，但我们无法确定是不是大脑所有的活动都是如此。

克里希那穆提：无法确定，但它是被制约的——被过去的世世代代，被报纸、杂志，被所有来自外界的活动和压力所制约。它是局限的。

大卫·博姆：那么，你所说的这种局限是什么意思呢？

克里希那穆提：大脑被程式化了，它被驱使着去遵从某种特定的模式，它完全依赖过去而活，它在此刻稍微修改了一下自己，然后继续向前。

大卫·博姆： 我们都同意，某些局限是有用和必需的。

克里希那穆提： 当然了。

大卫·博姆： 但是那种局限，它决定了自我，它决定了……

克里希那穆提： 心智。让我们暂时把它称为心智，自我。

大卫·博姆： 自我，心智，那种局限就是你正在谈论的东西。它们也许不仅是不需要的，而且还是有害的。

克里希那穆提： 是的。重视心智，强调自我，它们正在给这个世界造成巨大的破坏，因为它具有分离性，由此它不断地处于冲突中，不只是它自己内在的冲突，同样也包括和社会、家庭等的冲突。

大卫·博姆： 它也和自然产生了冲突。

克里希那穆提： 和自然，和整个宇宙。

大卫·博姆：我们曾说过，冲突之所以出现是因为……

克里希那穆提：因为分裂……

大卫·博姆：分裂出现是因为思想是有限的。思想是建立在那些局限、知识和记忆之上的，它是有限的。

克里希那穆提：是的，经验是有限的，因此知识也是有限的；所以记忆和思想同样是有限的。而心智从结构和本质来说，它本身就是思想的运动，那种受困于时间中的思想运动。

大卫·博姆：是的，现在我想问一个问题。你已经讨论了思想的运动，但对我来说有一点似乎还是不太清楚——是什么在运动。你看，如果我讨论的是我手部的运动，它是一种真实的运动，它的意思很明确。但是当我们讨论思想的运动时，在我看来，我们似乎是在讨论某种虚幻的东西，因为你曾说过“变成什么”就是思想的运动。

克里希那穆提：这就是我的意思，那种运动就是“变成什么”。

大卫·博姆：但是你说，那种运动在某种程度上是错觉，不是吗？

克里希那穆提：是的，当然了。

大卫·博姆：它很像是投射在屏幕上的物体运动。我们说并没有任何物体在屏幕上穿行，真正的运动仅仅是投影机在转动。那么，我们能不能说大脑中存在着一种真实的运动，它在投射出所有的一切，而这就是局限？

克里希那穆提：这就是我们想要去搞清楚的。让我们来稍微讨论一下它。我们俩都同意，或者都看到了，那就是大脑是局限的。

大卫·博姆：我们的意思是它其实在物理上和化学上都被打上了烙印……

克里希那穆提：还有在基因上，同样包括在心理上。

大卫·博姆：物理上的烙印和心理上的烙印有什么不同？

克里希那穆提：从心理上而言，大脑是以自我为中心的，对吗？这种对自我持续不断的强调就是那种运动、那种局限、一种错觉。

大卫·博姆：但是它的内在也有某种真实的运动发生。比方说，那个大脑，它在做着某些事情。一直以来它在生理上和化学上被制约着，然而当我们去思考那个自我时，它在生理上和化学上就会发生一些事情。

克里希那穆提：你在问，大脑和自我是不是两个不同的东西？

大卫·博姆：不，我说的是，自我就是局限了大脑以后的结果。

克里希那穆提：是的，自我在局限着大脑。

大卫·博姆：但自我存在吗？

克里希那穆提：不存在。

大卫·博姆：可在我看来，大脑的局限就涉及了那个我们称为“自我”的错觉。

克里希那穆提：对。那么那种局限可以消除吗？这就是全部的问题。

大卫·博姆：它的确需要在物理、化学和神经生理学的意义上被消除。

克里希那穆提：是的。

大卫·博姆：现在，任何科学界人士对此的第一反应就是，通过我们正在做的这些事情去消除局限，看起来似乎不太可能。你知道，某些科学家或许觉得，我们也许会发现某种药物、某些新的基因突变或者关于大脑结构的深层知识。这样的话我们也许就能帮上一些忙了。我认为这类想法也许是多数人的主流思想。

克里希那穆提：它可以改变人类的行为吗？

大卫·博姆：为什么不能？我想有人相信它也许可以。

克里希那穆提：等一下。这就是全部的重点。它"也许"可以——这意味着是在未来。

大卫·博姆：是的，发现所有这一切要花费时间。

克里希那穆提：而在这期间，人类将会毁灭自己。

大卫·博姆：人们也许希望自己可以设法及时发现它。他们也可以批评我们在做的事情，说我们这样做又有什么用。你知道，我们做的这些事情看起来似乎影响不了任何人，当然也无法及时地带来很大的改变。

克里希那穆提：对于这点我俩都心知肚明。那么，我们在做的事会以什么方式影响人类呢？

大卫·博姆：它真的可以及时影响人类从而拯救……

克里希那穆提：显然不能。

大卫·博姆：那为什么我们还要这样做？

克里希那穆提：因为这是一件需要去做的正确的事。自己独立去做。这和奖励与惩罚无关。

大卫·博姆：和目标也无关。我们做正确的事，即使不知道它的结果会怎样。

克里希那穆提：对。

大卫·博姆：你是说没有其他途径了吗？

克里希那穆提：这就是我们在说的，很对。

大卫·博姆：好吧，我们应该把它说得清楚一点。举个例子，有些心理学家会觉得通过探寻这类事物，我们就可以带来一次意识的革命性的转变。

克里希那穆提：我们又退回到了那一点，也就是我们希望通过时间来改变意识。但这就是我们所质疑的。

大卫·博姆：我们已经质疑过这点了。我们说通过时间，我们都不可避免地会陷入“变成”和错觉之中，我们将不知道自己在做什么。

克里希那穆提：对。

大卫·博姆：那么，我们可不可以说，同样的事情甚至也适用于那些试图在生理上、化学上或者结构上去改变大脑的科学家，那些科学家自己也仍旧是陷入其中的，经由时间，他们也陷入“试图去变得更好”之中。

克里希那穆提：是的，那些试验者、心理学家，还有我们自己，都在试图去变成什么。

大卫·博姆：是的，虽然起初的时候，这点或许看起来并不明显。也许那些科学家们看起来是非常客观公正、毫无偏见的观察者，他们致力于研究这个问题，但是隐藏在表面之下，我们会感觉到，在以这种方式去探究的人身上的某一部分时，也存在着想要变得更好的欲望。

克里希那穆提：正是如此。

大卫·博姆：而这种欲望将导致自我欺骗和错觉等。

克里希那穆提：所以我们现在进展到哪里了？任何形式的“变成”都是一种错觉，“变成”意味着时间，需要时间来让内心改变。但我们在说，时间是不必要的。

大卫·博姆：这和另一个关于心灵和大脑的问题是紧密相关的。大脑就是一种时间中的活动，一种生理上、化学上的复杂过程。

克里希那穆提：我认为心灵和大脑是分开的。

大卫·博姆：分开是什么意思？它们之间有联系吗？

克里希那穆提：分开的意思就是大脑是局限的，但心灵不是局限的。

大卫·博姆：你是基于什么这样说的？

克里希那穆提：让我们不要从“我是基于什么这样说的”开始。

大卫·博姆：好吧，是什么让你这样说的？

克里希那穆提：只要大脑仍是局限的，它就不是自由的，而心灵是自由的。

大卫·博姆：是的，这就是你在说的。但你知道，大脑不是自由的，这意味着大脑无法以一种毫无偏见的方式去自由地探寻。

克里希那穆提：我将会深入这点。让我们来探寻它。什么是自由？探寻的自由、探究的自由。只有在自由中才会有深刻的洞察。

大卫·博姆：是的，这是很显然的，因为如果你无法自由地去探寻，或者如果你有偏见，那么你就是主观武断的，然后你就以这样的方式被制约了。

克里希那穆提：所以只要大脑还是局限的，它和心灵的关系也是有限的。

大卫·博姆：我们有着大脑和心灵的关系，也有着心灵和大脑的关系。

克里希那穆提：是的，但是自由的心灵才会和大脑有一种关系。

大卫·博姆：是的，现在我们说心灵是自由的，从某种意义上说就是，它并不屈从于大脑的局限。

克里希那穆提：是的。

大卫·博姆：心灵的本质是什么？心灵是位于体内，还是位于大脑中的？

克里希那穆提：不，它和身体或大脑无关。

大卫·博姆：它和空间或时间有关吗？

克里希那穆提：空间——现在稍等一下！它和空间、寂静有关。这是其中的两个因素……

大卫·博姆：但不是和时间有关？

克里希那穆提：和时间无关。时间是属于大脑的。

大卫·博姆：你说到了空间和寂静，那么，是哪种空间呢？它并不是那种我们所看到的生命体在其中运动的空间。

克里希那穆提：空间。让我们换种方式来看一下。思想可以发明出空间。

大卫·博姆：此外，我们还有我们所能看到的空间。但思想可以发明出各种空间。

克里希那穆提：从这里到那里的空间。

大卫·博姆：是的，也就是我们走过、经过的空间。

克里希那穆提：同样也包括两个噪音、两个声音之间的空间。

大卫·博姆：两个声音之间的间隔。

克里希那穆提：是的，两个噪音、两个思想、两个音符之间的间隔，两个人之间的空间。

大卫·博姆：是的，墙和墙之间的空间。

克里希那穆提：等等。但这种空间并不是心灵的空间。

大卫·博姆：你是说心灵的空间不是有限的？

克里希那穆提：对，但我不想用“有限”这个词。

大卫·博姆：但这就是它所暗示的。那种空间并不具有被某些东西所束缚的本质。

克里希那穆提：是的，它并不被心智所束缚。

大卫·博姆：但它是被某种东西所束缚的吗？

克里希那穆提：没有。所以，大脑——它所有的细胞都是局限的——这些细胞能够彻底改变吗？

大卫·博姆：我们经常讨论这个。还不能确定所有的细胞都是局限的。举个例子，有些人认为大脑中只有一些或者很小部分的细胞被利用了，而其他的细胞只是沉寂不动，处于休眠中。

克里希那穆提：几乎完全没有被用到，或者只是偶尔被触及一下。

大卫·博姆：只是偶尔触及。但是那些局限的细胞，不管它们或许是什么，很显然它们此刻在支配着意识。

克里希那穆提：是的，那么这些细胞可以被改变吗？我们说通过洞察，它们可以改变，洞察与时间无关，它不是回忆、直觉、欲望或者希望的结果。它和时间与思想毫无关系。

大卫·博姆：是的，那么洞察是属于心灵的吗？它是心灵的本质、一种心灵的活动吗？

克里希那穆提：是的。

大卫·博姆：因此你在说的是，心灵可以在大脑的物质中行动。

克里希那穆提：是的，我们之前已经说过了。

大卫·博姆：可是你看，心灵要如何才能在物质中行动，这一点令人费解。

克里希那穆提：心灵能够作用于大脑。举个例子，拿任何危机或问题来看。就如你所知道的，问题的根本含义就是“某个东西向你扔过来”。而我们带着过去所有的回忆、偏见等东西去面对它。由此问题就成倍增加了。你或许可以解决一个问题，但就在解决某个特定问题中，其他问题又会出现。现在，去着手处理那个问题或者去觉察它，而没有过去任何记忆、思想的干扰或投射。

大卫·博姆：那意味着那种觉察同样是属于心灵的？

克里希那穆提：是的，没错。

大卫·博姆：你是说大脑是心灵的一种工具吗？

克里希那穆提：当大脑不是以自我为中心的时候，它就是心灵的一种工具。

大卫·博姆：所有的局限或许会被认为是大脑在刺激着它自己，由此保持它自己只依照程式而运行，这占据了它所有的能力。

克里希那穆提：占据了我们所有的日子，是的。

大卫·博姆：大脑更像是一台无线电接收器，这台接收器能制造出自身的噪声，却无法接收到一个信号。

克里希那穆提：不完全是这样，让我们稍微来探究一下。经验总是有限的。我也许可以把那种经验吹嘘成某种神奇的东西，然后开一家商店来贩卖我的经验，但那种经验是有限的。因此知识也总是有限的，这种知识在大脑中运作着，这种知识就是大脑。而思想同样也是大脑的一部分，思想也是有限的。所以大脑运作在一个非常非常狭小的区域里。

大卫·博姆：是的，那么是什么阻碍了它，使它无法在更广阔的区域里、在无限的区域里运作呢？

克里希那穆提：思想。

大卫·博姆：但是在我看来，大脑是自行运作的，通过其自身的程序而运作。

克里希那穆提：是的，就像一台电脑。

大卫·博姆：本质上来说，你要求的是，大脑其实应该对心灵产生反应。

克里希那穆提：只有当它摆脱了有限的事物，摆脱了思想——思想是有限的——那时它才能去反应。

大卫·博姆：所以那时程序就不再会支配它了。可你知道，我们仍将需要那种程序。

克里希那穆提：当然了。我们需要依靠它来……

大卫·博姆：做很多事情。但智慧是来自心灵的吗？

克里希那穆提：是的，智慧就是心灵。

大卫·博姆：就是心灵。

克里希那穆提：我们必须去探究一些别的东西。因为慈悲是与智慧联系在一起的，并不存在没有慈悲的智慧。而只有当有了那种完全脱离了所有回忆、个人嫉妒等事物的爱时，那时慈悲才会存在。

大卫·博姆：所有那些慈悲、爱，它们也是属于心灵的吗？

克里希那穆提：是属于心灵的。但如果你依附于任何特定的经验或特定的理想，你就不可能是慈悲的。

大卫·博姆：是的，那就再次成了程序。

克里希那穆提：是的。举个例子，有那么一些人，他们去各个穷困潦倒的国家，然后为那里工作、工作、再工作，他们把这叫作慈悲。但若他们是依附或捆绑于某种特定形式的宗教信仰的，那么他们的行动仅仅只是一种可怜或同情，它并不是慈悲。

大卫·博姆：是的，我明白，在这里我们有两样东西多多少少是独立的，那就是大脑和心灵——虽然它们之间有着联系。然后我们说那种智慧和慈悲是来自超越大脑之外的部分。而现在，我想去探究这个问题，那就是它们两者是如何产生联系的。

克里希那穆提：啊！只有当大脑安静下来，心灵和大脑之间的联系才会存在。

大卫·博姆：是的，这就是产生联系的必要条件，大脑必须安静下来。

克里希那穆提：那种安静并不是训练出来的安静，

它不是一种自我意识的、苦思冥想的对于宁静的渴望。它是一种了解了自身局限以后的自然结果。

大卫·博姆：我们发现如果大脑安静下来，它就可以聆听到更为深刻的事物？

克里希那穆提：对。如果那时它是安静的，它就会和心灵产生联系，然后心灵就可以通过大脑来运作了……所以我们能否与“事实如何”待在一起，而不是与“应该如何”“必须如何”待在一起，不要去发明理想等诸如此类的东西？

大卫·博姆：是的，但我们能回到心灵和大脑的问题吗？现在我们说，它们两者并不是一种分裂。

克里希那穆提：哦，是的，那并不是一种分裂。

大卫·博姆：它们是有联系的，对吗？

克里希那穆提：我们说过，当大脑寂静，有了空间，心灵和大脑之间就会有联系了。

大卫·博姆：所以我们在说，虽然它们是有联系的，并且毫无任何分裂，但心灵相对于大脑的局限而言仍具有一定的独立性。

克里希那穆提：现在，让我们小心一点！假设我的大脑是局限的，例如，它已经被程序化为一个印度人了，于是我整个一生和行动都是被那种“我是一个印度人”的观念所制约的。但心灵很显然与那种局限没有关系。

大卫·博姆：你用“心灵”这个词，而不是“我的”心灵。

克里希那穆提：心灵，它不是“我的”。

大卫·博姆：它是普遍的或共同的。

克里希那穆提：是的，而大脑也不是“我的”大脑。

大卫·博姆：不是“我的”大脑，但是存在着某个特定的大脑，这个大脑或者那个大脑。那么你会说存在着一个特定的心灵吗？

克里希那穆提：不会。

大卫·博姆：这是一个很重要的区别。你说心灵其实是普遍性的，不被制约，也没有分裂。

克里希那穆提：是的，也是未被污染的，没有被思想污染。

大卫·博姆：但是我认为对大多数人来说，在说到我们要如何知晓关于这个心灵的任何内容时，将会有点困难。我们只知道“我的”心灵才是第一感觉，对吗？

克里希那穆提：你是无法把它称为“我的心灵”的，你有的只是你那个局限的大脑。你不能说“这是我的心灵”。

大卫·博姆：但是我觉得无论内在所发生的什么事情都是“我的”，它和其他人内在所发生的事情是很不一样的。

克里希那穆提：不，我质疑它是否是不一样的。

大卫·博姆：至少它看起来是不一样的。

克里希那穆提：是的，但我质疑它——也就是作为人类中的一员，我内在所发生的事情，和你作为人类的另一成员内在所发生的事情，它们是不是不同的。我们两人都会经历各种问题、痛苦、恐惧、焦虑、孤独等。我们都有着自己的教条、信仰等。每个人都有着这些东西。

大卫·博姆：我们可以说这些东西都非常类似，但是看起来好像我们每个人都是彼此孤立的。

克里希那穆提：被思想孤立。我的思想制造出一种信念，那就是我和你是不同的，因为我的身体和你不同，我的面孔和你不同。于是我们把同样的事情也延伸扩展到了心理领域。

大卫·博姆：但现在我们是不是在说那种分裂是一个错觉，它也许是错觉？

克里希那穆提：不，不是也许！它就是错觉。

大卫·博姆：它是一种错觉。好吧，虽然当一个人刚开始看它时，这点并不明显。

克里希那穆提：当然。

大卫·博姆：事实上，甚至大脑也不是分裂的，因为我们说所有人不仅从根本上来说是类似的，而且实际上是彼此联系着的。然后我们说超越所有这一切的是心灵，它完全没有分裂。

克里希那穆提：它不受制约。

大卫·博姆：是的，这看起来几乎是在暗示着，只要一个人仍觉得他是一个分离独立的存在体，那么他就和心灵没有什么联系了。

克里希那穆提：非常正确，这就是我们在说的。

大卫·博姆：心灵不在了。

克里希那穆提：这就是为什么最重要的并不是去了解心灵，而是了解我们的局限，以及我们的局限和人类的局限是否可能被消除。这才是真正的问题。

克里希那穆提：让我们拿一个问题来看，就会比较容易理解了。就拿痛苦的问题来看。人类的痛苦永无止境，这些痛苦来自战争、身体的疾病，以及人与人之间的错误关系。那么，这一切能结束吗？

大卫·博姆：我想说结束它的困难在于，它已处在程序中了，我们被这整件事情所制约着。

克里希那穆提：是的，这些事情已持续了数个世纪。

大卫·博姆：所以这种制约是非常深层的。

克里希那穆提：非常非常深层。那么，那种痛苦能结束吗？

大卫·博姆：它是无法通过大脑的行为结束的。

克里希那穆提：无法通过思想结束。

大卫·博姆：因为大脑陷入痛苦中，它无法采取行动去结束其自身的痛苦。

克里希那穆提：它当然不能。这就是为什么思想无法结束痛苦的原因，因为是思想制造了痛苦。

大卫·博姆：是的，思想已经制造出了痛苦，并且无论如何它都无法了悟痛苦。

克里希那穆提：思想制造出了战争、悲惨、混乱。思想在人类的关系中已经变得无比重要。

大卫·博姆：是的，但我认为，虽然人们也许同意这点，然而他们还是会觉得，就像思想可以做坏事一样，思想也能够做好事。

克里希那穆提： 不，思想是无法做好事或坏事的，它只是思想、局限的思想。

大卫·博姆： 思想是无法了悟这种痛苦的。也就是说，这种痛苦是存在于大脑生理和化学的局限结构中的，思想甚至无法以任何方式知道它是什么。

克里希那穆提： 我的意思是，我失去了我的儿子，然后我很……

大卫·博姆： 是的，但是通过思考，我无法知道我内在正在发生的事。我无法改变内心的痛苦，因为思考将不会告诉我它是什么。而现在你说智慧就是觉察。

克里希那穆提： 但我们在问的是，痛苦可以结束吗？这才是问题所在。

大卫·博姆： 是的，并且很清楚的一点是：思想无法结束它。这种洞察将会通过心灵的行动，通过智慧和全然关注而出现。

克里希那穆提：当有了那种洞察，智慧就会扫除一切痛苦。

大卫·博姆：因此，你在说的是，存在着一种心灵到物质的联系，它可以移除那个让我们持续不断痛苦的生理和化学的整个结构。

克里希那穆提：对，在那种结束中就有着一种大脑细胞的突变。

大卫·博姆：是的，那种突变就会扫除使你痛苦的整个结构。

克里希那穆提：对。所以这就好像是我一直在沿着某个特定的传统行走，然后我突然改变了那个传统，于是整个大脑中有了一种转变。它之前一直是朝北走的，而现在它朝东走了。

大卫·博姆：毋庸置疑，从传统科学思想的观点来看，这是一种很激进的想法，因为如果我们认同了心灵不同于物质，人们将会发现很难说心灵可以真正地……

克里希那穆提：你是想说心灵是纯粹的能量吗？

大卫·博姆：我们可以这么说，但物质同样也是能量。

克里希那穆提：可物质是有限的，思想是有限的。

大卫·博姆：但我们说心灵纯粹的能量是能够进入物质有限的能量中的？

克里希那穆提：是的，很对，然后改变了那种局限。

大卫·博姆：移除了某些局限。

克里希那穆提：当有了一个你需要去面对的深刻事件、问题或挑战的时候。

大卫·博姆：我们也可以再加一句，试图那样去做的所有传统途径都是没用的……

克里希那穆提：它们从未奏效过。

大卫·博姆：但这些还不够。我们不得不这样说，因为人们或许还是会希望那些方法可行，但事实上它们都是没用的。因为思想是无法抵达自身细胞中生理、化学上的基础物质，然后对那些细胞做任何事的。

克里希那穆提：是的，思想无法带来一次自身内在的改变。

大卫·博姆：然而实际上人类试图做的每一件事都是建立在思想上的。当然了，存在着一个有限的区域，在这个区域里思想是很好的，但是我们无法经由这种惯常的方式来为人类的未来做点什么。

克里希那穆提：纵观历史，人类一直处于困扰、混乱和恐惧中。那么面对这个世界所有的困惑，有一种解决这一切的方法吗？

大卫·博姆：这又回到了我想要重申的那个问题。看起来似乎只有极少数的人在谈论它，认为也许他们知道解决方法，或者他们也许会去冥想等。但是这将如何影响人类那股巨大的洪流呢？

克里希那穆提：影响也许很小。但为什么它要影响那股洪流？它也许会影响，也许不会。可那时人们就会问：那它有什么用呢？

大卫·博姆：是的，这就是重点所在。我认为某种本能的感觉促使我们提出了这个问题。

克里希那穆提：但我认为这是个错误的问题。

大卫·博姆：你看，我们第一个本能反应就是说：“我们能做些什么来阻止这场巨大的灾难呢？”

克里希那穆提：是的。但是如果我们每一个在聆听的人——无论是谁——都看到了这个真相：也就是思想在它外在和内在的活动中，制造出了一种可怕的混乱和巨大的痛苦时，那么我们就必然问，所有这一切可以结束吗？如果思想无法结束它，那什么可以呢？那个可以结束所有这些痛苦不幸的新的工具是什么呢？你看，这个新的工具就是心灵，也就是智慧。但困难同样在于人们不会去聆听所有这些。不管是科学家还是像我们一样的凡俗之人，都已经有了确定无疑的结论，他们不会去听。

大卫·博姆：是的，呃，当我说极少数的人似乎无法带来太大影响时，我脑子里就是这样想的。

克里希那穆提：但毫无疑问，我认为，归根结底，极少数的人已经改变了这个世界——是好是坏并不是重点。他们已经改变了这个世界，但他们也再次落入了同样的模式。物质上的革命从未能够在心理上改变人类的状态。

大卫·博姆：你认为这可能吗？那就是一定数量的头脑以这种方式与心灵产生联系，然后他们能够影响人类，这超过了他们仅仅通过交流所带来的那种立即、明显的影响力？我的意思是，很显然，无论哪一个这样去做的人，他也许是用通常的方式来交流，然后这种交流只会产生一个比较小的影响，但是现在，却有可能产生某种完全不同的事物。

克里希那穆提：是的，没错。但是你要如何——我常常思考这一点——把这种微妙和极其复杂的主题传达给一个沉浸在传统之中，饱受制约，甚至都不愿花时间去聆听和思考的人呢？

大卫·博姆：嗯，这就是问题所在。你看，你可以说这种局限不可能是绝对的，不可能成为一个绝对的障碍，否则的话就彻底没有出路了。但是那种局限或许会被认为是具有某种渗透性、传染性的。

克里希那穆提：我的意思是，毕竟，教皇不会来聆听我们，但教皇却具有巨大的影响力。

大卫·博姆：这可能吗？那就是每个人都会有一些他可以去聆听的东西——如果他可以找到它的话。

克里希那穆提：他稍微有点耐心就行了。但谁会去听呢？那些理想主义者不会去听，极权主义者不会去听，宗教中的人们也不会去听。所以也许一个所谓的无知的人，他没有受过高等教育，也没有受制于他的职业生涯或者被金钱所约束，这个可怜的人会说，“我在受苦，请让我们把它结束吧”。

大卫·博姆：但他同样也不会听，你知道的。他想要一份工作。

克里希那穆提：当然了。他说：“请先填饱我的肚子吧。”我们已经在过去的六十年里经历了所有这些事情。穷人不会听，富人也不会听，饱学之士不会听，那些深深教条化的宗教信仰者也不会听。所以也许它就像这个世界里的一阵浪潮，或许能波及某些人。所以我认为问“它会产生影响吗”是一个错误的问题。

大卫·博姆：是的，很对。我们说它“终将会”带来影响，而这就是“变成”了。它再次把心智带入了“变成”的过程中。

克里希那穆提：是的。但是如果你说……它必须要影响人类……

大卫·博姆：你是打算说，它是直接通过心灵在影响着人类，而不是通过……

克里希那穆提：是的，它或许不会立即表现在行动中。

大卫·博姆：你在这一点上非常认真。你说心灵是普遍性的，它并不在我们通常的空间里，也不是分离的……

克里希那穆提：是的，但“心灵是普遍性的”，这种说法也有危险。这只是某些人对于心灵的看法，而它已经变成了一种传统。

大卫·博姆：人们也可以把它变成一个概念，毫无疑问。

克里希那穆提：这正是它的危险所在，这就是我在说的。

大卫·博姆：是的，但这个问题其实是，我们必须直接与它产生联系从而让它变得真实，对吗？

克里希那穆提：正是如此。只有当自我不在时，我们才能与它产生联系。简单说就是，当没有自我，就会有美、寂静和空间；那时，那种来自慈悲的智慧就会透过大脑而运作了。这是很简单的。

节选自《人类的未来》

一九八三年六月二十日

我们必须有一个非凡、敏感和迅捷的大脑，才能看到自我隐藏在何处。这需要巨大的观察、留意和关心。

提问者：我们能来谈一下大脑和心灵吗？思考以物质的形式发生在脑细胞中，也就是说，思考是一个物质的过程。如果思考停止，从而出现没有思想的觉察时，那么物质化的大脑会发生什么？你似乎在说心灵在大脑之外有着自己的空间，但是如果不是发生在大脑中的某个地方，那种纯粹觉察的运动又是发生在哪里呢？如果纯粹的觉察与大脑内部没有任何联系，脑细胞中又怎么可能产生突变呢？

克里希那穆提：你明白这个问题了吗？首先，提问者的话区分了心灵和大脑。然后他问觉察是否纯粹是在大脑之外的，也就意味着思想并不是觉察的运动。接着他问，如果觉察是发生在大脑之外的——大脑就是思考的过程、记忆的过程——那么那些被过去所局限的脑细胞本身将会发生什么？如果觉察是在大脑之外的，脑细胞中还会产生突变吗？清楚了吗？

所以，让我们从大脑和心灵开始。大脑是一种物质的运作，它是一种肌体组织——就像心脏一样，对吗？脑细胞里包含着所有的记忆。请注意，我不是一个大脑专家，我也没有向那些专家们学习过，但是我到现在已经活了很多年，我进行了大量的观察，不只是观察别人的反应——他们说了什么、他们在想什么、他们想要告诉我什么——我同样也观察了大脑是如何反应的。所以经由时间，大脑用了数百万年的时间已经从一个细胞一路进化到了猿人的大脑，又经历了数百万年直到人可以站立起来，然后发展成人类的大脑。人类的大脑包含在脑壳里，但是它可以脱离自身。你可以坐在这儿思考你的国家、你的家庭，然后你立即就在那儿了——是思想上的到达，而不是身体上的。在技术层面，大脑具有非凡的能力，它做了很多无比惊人的事情。

所以大脑具有非凡的能力。但那个大脑却被语言的局限所制约，不是语言本身，而是语言带来的局限；它一直被它所生活于其中的气候、被它吃下的食物、被它所生活的社会所制约——这个社会正是大脑创造出来的。

这个社会和大脑的种种活动并没有什么不同。它已经被数百万年以来的经验，被基于那些经验而积累起来的知识所制约，如我是英国人，你是德国人，他是印度人，他是一个黑人，他是这个，他是那个……所有这些国家的划分——部族的划分——还有宗教的制约。所以大脑是局限的。大脑具有非凡的能力，但是它被制约了，因此它是有限的。在技术领域、电脑等方面，它并不是有限的，但就心理上而言，它是非常非常有限的。人们曾说过“认识你自己”——从希腊人、古印度人等就开始了。他们研究别人的心理，但是他们却从未探究过自己的内心。那些心理学家、哲学家、专家，他们从来不探究自己。他们研究老鼠、兔子、鸽子、猴子等，但是他们从不说：“我要来观察一下自己。我是充满野心的、贪婪的、嫉妒的。我和我的邻居、我的科学家同行们在竞争。”这是数千年以来一直存在的相同的人类心理，虽然从技术上而言，从外在来看，我们是非常了不起的；但就内在而言，我们仍旧非常原始——对吗？

所以在心理领域，大脑是非常有限和原始的。那么，这种局限可以被打破吗？那种局限，也就是自我、自己、我、自我中心的关注，所有这一切可以被扫除吗？那意味着大脑消除了局限——你明白我在说的东西吗？那时它就没有恐惧了。现在，我们大多数人都生活在恐惧中，担忧和害怕将会发生的事，害怕死亡，害怕很多事情。所有这些可以完全抹除，从而焕然一新吗？这样大脑就是自由的，它与心灵的关系也会截然不同。那意味着确保自己没有自我的阴影。然而，要确保“我”不进入任何一个领域中，这是极其艰难的。自我以很多方式隐藏着，它藏在每一块石头底下，自我可以躲藏在慈悲中，跑到印度去照料那些穷人，因为自我依附于某些观念、信念、结论和信仰，这些东西使我变得有同情心，因为我爱神或者克里希那，我想要上天堂。自我有着很多的面具——冥想的面具，实现终极的面具，那种“我觉悟了”或“我知道我所说的东西”的面具。而所有那些对全人类的关心则是另一个面具。所以我们必须有一个非凡、敏感和迅捷的大脑，才能看到自我隐藏在何处。这需要巨大的注意力，观察、观察再观察。但你们不会去做这些。也许你们都太懒惰或者太老了，你们说：“看在老天的分上，所有这些都不值得做，不要打搅我了。”但如果我们真的想要非常深刻地探究这一点的话，我们就必须像鹰一样地注视思想的每一次运动，反映每一次活动，由此大脑就可以脱离它的局限。讲话者是在为他自己说这番话，而不是为任何其他人。他也许在欺骗自己，他也许正在试图伪装成这个或者那个——你明白了吗？他也许就在这么做，而你并不知道。所以你要抱有极大的疑虑、怀疑和疑问，不要接受别人所说的东西。

因此当大脑没有了局限，它就不再会退化了。当你年纪越来越大时，当人们变老以后，大脑也会磨损殆尽，失去了自己的记忆，会以固定的方式来行动，你知道所有这些。这种退化并不仅仅发生在美国，退化首先是发生在大脑中的。当大脑彻底摆脱了自我，从而不再受制约时，那时我们才可以问：什么是心灵？

古代印度人探询了心灵，他们做出了各种假定论述。但是去掉所有这些，不要依赖任何人——不管他是多么古老，传统多么悠久——那么什么是心灵呢？

我们的大脑不断地处于冲突中，因此它是失序的。这样的大脑无法了解心灵是什么。心灵——不是我的心灵，而是那个创造出宇宙的心灵，那个创造出细胞的心灵，那个心灵就是纯粹的能量和智慧——只有当大脑自由时，心灵才会和大脑产生联系。但是如果大脑是局限的，它们就不会有联系了——你不需要去相信这些话。所以智慧是心灵的本质，而不是思想的智慧、失序的智慧。它是一种纯然的秩序、纯粹的智慧，因此它就是全然的慈悲。当大脑自由时，心灵就会和大脑产生一种联系。

你在聆听你自己吗？或者你只是在聆听我？你在同时进行这两者吗？你在观察你自己的反应，观察着你的大脑是如何运作的吗？也就是，行动，反应，就这样来来回回，来来回回，这意味着你并没有在聆听。只有当这种“行动－反应”模式停止的时候，你才是在聆听；只是纯粹地聆听。你看，大海不停地在运动，潮起又潮落，这是它的行动。而人类也处于这种行动和反应之中。我内在的反应制造出另一个反应，所以就这么来来回回。因此，当有了这种反复来回的运动时，自然就不会有平静了。然而在平静中你才能够聆听真理或谬误，而不是当你反复来回的时候。至少在理智上、逻辑上明白这点：假如有了持续不断的运动，你就没有在聆听。你怎么可能聆听呢！请看到这其中的逻辑。那么是否可能停止这种来来回回的运动？讲话者说，当你了解认识了自己，非常非常深入地探究了你自己时，它就是可能的。了解你自己，然后你就能够说那种运动已经真正停止了。

提问者还问：由于心灵是超脱在外的，并不包含在大脑里，那么，那种只有当没有了思想活动才会产生的觉察，又如何能够带来一次脑细胞的突变——这种物质的过程呢？

注意，保持简单。这是我们的困难之一：我们从来没有非常简单地去观察过一个复杂的东西。这是一个非常非常复杂的问题，但是我们必须非常简单地开始，由此才能去了解某些极为广阔的事物，所以让我们简单地开始吧。在你整个一生中，你出于传统而追随了某条特定方向的道路——宗教、经济、社会、道德等的道路。假设我已经这么做了，而你过来说："小心，你走的这条路是没结果的，它将会带给你更多的困扰，你们将会永远不停地彼此杀戮，将会遭遇巨大的经济困境。"然后你告诉了我合乎逻辑的理由，举了各种例子等。但是我说："不，对不起，这就是我做事的方式。"然后我会继续走那条路。大部分人都是这样做的，百分之九十九的人都是如此，包括那些古鲁、那些哲学家，也包括那些新出炉的圆满、觉悟人士。而你出现了，然后说："当心，这是一条危险的路，不要往那里走。调头回来，朝另一个完全不同的方向前进。"你说服了我，你让我看到了其中的逻辑、理性和明智，于是我转身朝一个完全不同的方向走去。发生了什么呢？我毕生一直都在朝着某个方向前进，而你过来说："不要往那走了，它很危险，它哪里也到不了。你将会遭遇更多的困扰、更多的痛苦、更多的问题。往另一个方向走，情况就会完全不同了。"我明智地接受了你的逻辑和陈述，然后朝着另一个方向走去。那么大脑发生了什么呢？简单一点。朝着某个方向走，然后突然改换了方向，于是脑细胞就让自身获得了转变。你明白了吗？我已经打破了传统，就是这么简单。但传统是如此强大，它已处处扎根在我们如今的生活中，而你在要求我做一些我所抗拒的事情，因此我不会听你的。或者我没有这么做，而是聆听着去发现你说的东西是正确的还是错误的。我想要明白事情的真相，这不是我的希望，也不是我的消遣，我就是想要弄明白它的真相，所以我很认真，我用我全部的存在去聆听，然后我看到你是完全正确的。我已经调转方向了——对吗？在那种行动中就有着一种脑细胞的改变，就是这么简单。

你看，假如我是一个循规蹈矩的天主教徒或者印度教徒，然后你过来告诉我："喂，不要这么蠢了，所有这些都是胡扯。它们只是一些传统，一些没有多大意义的文字——虽然文字有其积累起来的意义。”你明白了吗？所以你指出了这一点，而我看到你说的是真理，于是我离开了，我摆脱了那种局限，由此大脑中就有了一种改变、一种突变。或者我一直、我们一直都是伴随着恐惧——不只是对某个事物的恐惧——被抚养长大的，而你告诉我说恐惧可以结束，于是我本能地说：“告诉我，让我们一起去发现它。”想去发现你说的是否正确，恐惧是否真的可以结束。所以我花费时间和你讨论，我想去发现、去学习，我的大脑正积极主动地去发现，而不是被告知该怎么去做。所以，当我开始去探询、探查、审视和观察恐惧的全部运动时，我就接受了它，然后说“好吧，我愿意生活在恐惧中”，或者我会离开它。当你看到这些，脑细胞中就有了一种改变。

如果你可以只是非常简单地去观察这件事的话，它就是如此简单。当有了觉察，就会有一种突变——说得稍微复杂一点——发生在脑细胞自身之中，不是通过任何努力，也不是通过意志或任何动机。当有了不带思想运动的观察，当记忆——也就是时间、思想——彻底寂静，那么觉察就会存在。不带过去地观察某样事物，去这样做吧。看着讲话者而不带着所有那些你积累起来的关于他的记忆。看着他，或者看着你的父亲、母亲、丈夫（妻子）、女朋友等——看什么并不重要——去看而没有任何过去的记忆、伤害和愧疚出现。只是看。当你这样去观察，不带任何偏见，那么你就能够摆脱过去了。

萨能

一九八三年七月二十五日

当有了执着，就会有失去的恐惧，有一种深深的占有感，由此滋生了恐惧。

讲话者是在讲述一个神话故事吗？还是说他正在描述或陈述事实？而这些事实就是：我们没有爱。我们或许可以谈论爱，“哦，我多么爱她”——你们熟知所有这类东西。但是在那种爱中却有着依赖、执着、恐惧、敌对以及逐渐滋生的嫉妒，整个人类关系的机制及其所有的痛苦、恐惧、失去、获得、绝望、沮丧。所有这一切要如何结束，才能使我们彼此之间、男女之间能够有真正的关系呢？这是彼此熟悉的问题吗？请真的看一下，思考一下它。我熟悉我的妻子——这意味着什么？当你说，“我熟悉她，她是我的妻子”——或者无论是谁时——这是什么意思？它不就是所有那些快感、痛苦、焦虑、嫉妒、斗争以及偶尔闪现的温柔情意吗？所有这些是爱的一部分吗？执着是爱吗？我在问这些问题，请你去探究，把它们搞清楚。某人执着于他的妻子，无比执着。

这种执着中隐含了什么？我无法独立，因此我必须依靠某人，不管是妻子、丈夫、精神病医生还是古鲁，所有这些荒唐事！当有了执着，就会有失去的恐惧，有一种深深的占有感，由此滋生了恐惧。你知道这一切。

所以我们能够观察我们关系中的事实，然后自己去发现思想在关系中的位置吗？就如我们所说，思想是有限的，这是一个事实。如果在我们的关系中，思想成了一个主导的因素，那么在关系中，那种因素就会制约我们。因此我们彼此的关系就是有限的，它不可避免地会滋生冲突。阿拉伯人和以色列人之间有冲突，因为双方都执着于他们自身的局限，这意味着他们被程式化了；每一个人都像电脑一样被程式化了。我知道这听起来很残酷，但这是一个事实。当你从小被告知说你是一个印度人，属于某个特定的社会或者宗教分类时，你就已经被制约了，在你的余生里，你就是一个印度人，或者英国人、法国人、德国人、俄国人，或者无论什么人了。就是这样。

所以我们的关系——它本该成为生命中最非凡的事物，却成了损耗我们生命的原因之一。我们在自己的关系中耗费着我们的生命。你真正地看到这是一个事实，你全神贯注于它，也就是，你非常深刻地了解了思想和时间的本质——它们和爱没有任何关系。思想和时间是大脑中的一种运动，而爱是在大脑之外的。请非常小心谨慎地去探究这一点，因为脑壳里的那些东西是非常重要的：它是如何运作的，它的障碍是什么，为什么它是有限的，为什么会有这种永无休止的喋喋不休的感觉，一个想法接着一个想法，一连串的联想、反应和回应，整个记忆的仓库。但记忆很显然并不是爱。因此爱不是，也不可能是存在于大脑中或脑壳里的。而当我们自始至终，在我们生命所有的日子里，都仅仅活在脑壳里，思考、思考再思考，问题一个接着一个——也就是生活在局限中时，那么就必定不可避免地会滋生冲突和痛苦了。

布洛克伍德公园

一九八四年八月二十五日

至高的智慧无处不在，智慧是伴随着爱与慈悲的。

什么是慈悲？——不是你能在词典里查到的定义。爱和慈悲的关系是什么？还是说它们是同一种运动？当我们使用“关系”这个词时，它意味着一种二元性、一种分离，而我们在问的是爱在慈悲中的位置是什么，还是说爱是慈悲的终极表现？如果你隶属于任何宗教、跟随某个古鲁、信仰某个东西、信仰你的宗教经典等，依赖于某个结论，你又怎么会有慈悲呢？当你认可了你的古鲁时，你就已经得出了一个结论；或者当你坚信救世主，信仰这个或那个时，那还会有慈悲吗？你或许会出于可怜、同情和仁慈而去做一些社会工作，去帮助穷人，但是这一切是爱和慈悲吗？在对爱的本质的了解中，你内心有了那种品质，也就是心灵的品质，那就是智慧。智慧就是去了解或者发现什么是爱。智慧和思想、聪明、知识没有任何关系。你也许在你的学习和工作中非常聪明，也能够非常聪明和理性地去辩论，但这并不是智慧。智慧是伴随着爱与慈悲的，而你无法作为一个个体去遇见那种智慧。慈悲并不是“你的”或者“我的”，正如思想并不是“你的”或者“我的”一样。当有了智慧时，是没有“我”和“你”的。而智慧也并不安住于你的心中或头脑中。那种至高的智慧是无处不在的。正是智慧推动了地球、天空和星星，因为它就是慈悲。

节选自《没有度量的心灵》

一九八三年一月二日

图书在版编目（CIP）数据

你将成为自己的光 / (印) 克里希那穆提著 ; 周豪译 . -- 北京 : 北京时代华文书局 , 2022.4

书名原文: ON MIND AND THOUGHT

ISBN 978-7-5699-3741-1

Ⅰ . ①你… Ⅱ . ①克… ②周… Ⅲ . ①人生哲学 – 通俗读物 Ⅳ . ① B821-49

中国版本图书馆 CIP 数据核字 (2020) 第 096320 号

北京市版权局著作权合同登记号　图字：01–2020–2609

你将成为自己的光

NI JIANG CHENGWEI ZIJI DE GUANG

著　　者 | [印] 克里希那穆提
译　　者 | 周　豪

出 版 人 | 陈　涛
选题策划 | 刘昭远
责任编辑 | 周海燕
责任校对 | 凤宝莲
装帧设计 | 柒拾叁号
责任印制 | 訾　敬

出版发行 | 北京时代华文书局 http://www.bjsdsj.com.cn
北京市东城区安定门外大街 136 号皇城国际大厦 A 座 8 楼
邮编：100011　电话：010 - 83670692　64267677
印　　刷 | 北京盛通印刷股份有限公司　010 - 83670070
（如发现印装质量问题，请与印刷厂联系调换）
开　　本 | 787mm×1092mm　1/32　　印　张 | 7.25　　字　数 | 120 千字
版　　次 | 2022 年 4 月第 1 版　　印　次 | 2022 年 4 月第 1 次印刷
书　　号 | ISBN 978-7-5699-3741-1

定　　价 | 49.80 元